I0028520

Stéphanie Mauchauffee

Etude et caractérisation de carboxylates métalliques

Stéphanie Mauchauffee

# Etude et caractérisation de carboxylates métalliques

Application à la séparation sélective de métaux

Presses Académiques Francophones

**Impressum / Mentions légales**
Bibliografische Information der Deutschen Nationalbibliothek: Die Deutsche
Nationalbibliothek verzeichnet diese Publikation in der Deutschen Nationalbibliografie;
detaillierte bibliografische Daten sind im Internet über http://dnb.d-nb.de abrufbar.
Alle in diesem Buch genannten Marken und Produktnamen unterliegen warenzeichen-,
marken- oder patentrechtlichem Schutz bzw. sind Warenzeichen oder eingetragene
Warenzeichen der jeweiligen Inhaber. Die Wiedergabe von Marken, Produktnamen,
Gebrauchsnamen, Handelsnamen, Warenbezeichnungen u.s.w. in diesem Werk berechtigt
auch ohne besondere Kennzeichnung nicht zu der Annahme, dass solche Namen im Sinne
der Warenzeichen- und Markenschutzgesetzgebung als frei zu betrachten wären und
daher von jedermann benutzt werden dürften.

Information bibliographique publiée par la Deutsche Nationalbibliothek: La Deutsche
Nationalbibliothek inscrit cette publication à la Deutsche Nationalbibliografie; des
données bibliographiques détaillées sont disponibles sur internet à l'adresse http://dnb.d-
nb.de.
Toutes marques et noms de produits mentionnés dans ce livre demeurent sous la
protection des marques, des marques déposées et des brevets, et sont des marques ou des
marques déposées de leurs détenteurs respectifs. L'utilisation des marques, noms de
produits, noms communs, noms commerciaux, descriptions de produits, etc, même sans
qu'ils soient mentionnés de façon particulière dans ce livre ne signifie en aucune façon que
ces noms peuvent être utilisés sans restriction à l'égard de la législation pour la protection
des marques et des marques déposées et pourraient donc être utilisés par quiconque.

Coverbild / Photo de couverture: www.ingimage.com

Verlag / Editeur:
Presses Académiques Francophones
ist ein Imprint der / est une marque déposée de
AV Akademikerverlag GmbH & Co. KG
Heinrich-Böcking-Str. 6-8, 66121 Saarbrücken, Deutschland / Allemagne
Email: info@presses-academiques.com

Herstellung: siehe letzte Seite /
Impression: voir la dernière page
**ISBN: 978-3-8381-7407-5**

Copyright / Droit d'auteur © 2012 AV Akademikerverlag GmbH & Co. KG
Alle Rechte vorbehalten. / Tous droits réservés. Saarbrücken 2012

Laboratoire d'Electrochimie des Matériaux

UMR CNRS 7555

*Ecole doctorale SESAMES*

Université Paul Verlaine – METZ

U.F.R. Sci. F. A.

**THESE**

Pour l'obtention du grade de

**DOCTEUR DE L'UNIVERSITE PAUL VERLAINE – METZ**

Discipline : **Chimie**

Stéphanie MAUCHAUFFEE

# ETUDE ET CARACTERISATION
# DE CARBOXYLATES METALLIQUES -
# APPLICATION A LA SEPARATION SELECTIVE

Soutenue publiquement le 24 octobre 2007

**Rapporteurs :**   **M. APLINCOURT**, Professeur,
Université de Reims Champagne-Ardenne
**P. LE CLOIREC**, Professeur,
Ecole Nationale Supérieure de Chimie de Rennes

**Examinateurs :**   **C. RAPIN**, Maître de Conférences HdR,
Université Henri Poincaré - NancyI
**E. MEUX**, Maître de Conférences,
Université Paul Verlaine - Metz

**Directeur de thèse :**   **J.-M. LECUIRE**, Professeur
Université Paul Verlaine – Metz

1

# INTRODUCTION

Le travail développé s'inscrit dans l'une des thématiques de recherche du Laboratoire d'Electrochimie des Matériaux (LEM) à Metz, concernant la recherche de protocoles chimiques et électrochimiques pour la gestion d'effluents industriels liquides. Depuis 1999, cette recherche s'est orientée vers l'utilisation de carboxylates pour la valorisation des métaux contenus dans les lixiviats ou déchets industriels.

Ce mémoire de thèse s'inscrit dans la continuité de deux thèses précédemment menées au LEM. Bien que les carboxylates soient utilisés dans plusieurs secteurs industriels, peu de données sont disponibles dans la bibliographie. Ce mémoire présente les résultats des caractérisations de plusieurs carboxylates métalliques divalents et trivalents ainsi que leur utilisation pour la séparation sélective de métaux contenus dans des effluents industriels liquides par les carboxylates.

Les gisements de minerais, qui sont les matières premières de la métallurgie, arrivent à épuisement. Ainsi en 2000, on estimait les réserves en nickel à 49 millions de tonnes assurant la consommation actuelle de la société pour un peu plus de 40 ans. Les réserves de cobalt sont estimées à 4,7 millions de tonnes, assurant une autonomie d'environ 100 ans [mineralinfo, 2007] et en cuivre à 337 millions de tonnes, soit un peu plus de 20 ans d'autonomie [techniques de l'ingénieur, 2007]. Devant l'urgence que représentait le cuivre, les industries se sont tournées vers des ressources secondaires et aujourd'hui 20 % de la consommation annuelle mondiale provient du recyclage. De même en 2002 les réserves en manganèse s'élevaient à 5 à 6 milliards de tonnes assurant la consommation actuelle de la société pour environ 100 ans [loi industrie, 2007]. Plus récemment, en 2007, une étude réalisée par EDF estime les réserves en plomb à 100 millions de tonnes assurant une autonomie d'environ 15 ans. Toutefois, à l'heure actuelle, plus de 50 % du plomb consommé provient du recyclage du métal [edf, 2007].

La demande ne diminue pas, l'offre ne pouvant suivre, les prix de certains métaux s'envolent. Sur les sept dernières années, les prix ont globalement quadruplé comme on peut le voir sur les graphiques de la figure 1. Le nickel, entre 2000 et 2007, a seulement triplé mais fin 2006, ce métal a vu son prix augmenter fortement pour quasiment atteindre les 55 000 US$ la tonne. Le figure 1 présente l'évolution du prix des métaux entre 2000 et aujourd'hui. Les prix sont donnés en US$/tonne.

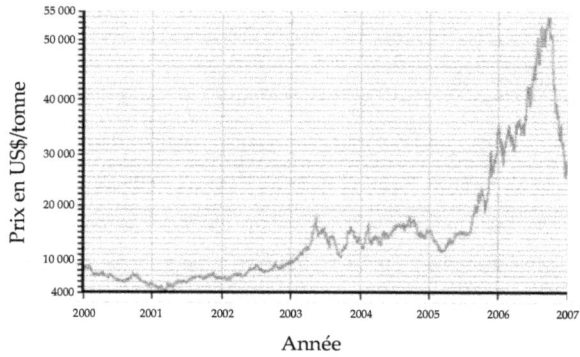

évolution du prix du nickel

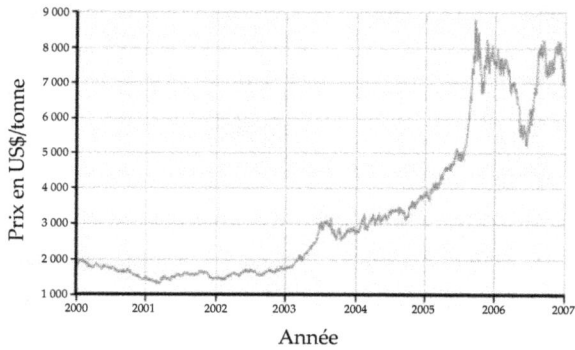

évolution du prix du cuivre

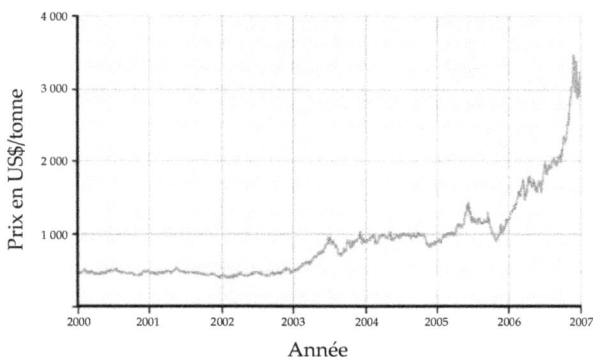

évolution du prix du plomb

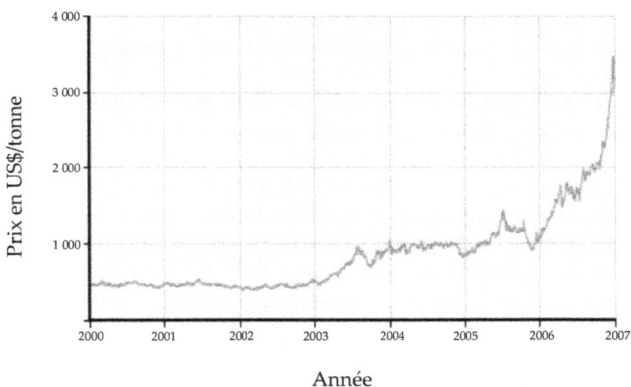

évolution du prix du zinc

**Figure 1 : évolution des prix du nickel, du cuivre, du plomb et du zinc sur les 7 dernières années [LME, 2007]**

De plus, les réglementations en matière de gestion des déchets sont de plus en plus précises et de plus en plus strictes, conduisant à l'établissement de normes tant du point de vue du stockage que du point de vue des rejets. La loi de juillet 1992 impose ainsi de nouvelles contraintes aux Centre de Stockage depuis 2002 qui ont eu pour incidence d'alourdir le bilan financier des entreprises génératrices de déchets [loi juillet, 1992].

Cette double considération tant financière que juridique incite les entreprises à valoriser les métaux contenus dans les effluents qu'elles produisent. L'accent est désormais mis sur la nécessité de développer les filières de valorisation.

C'est dans cette optique que le LEM a mis en place une méthode de séparation sélective des métaux contenus dans les effluents industriels ainsi que dans les lixiviats issus de procédés hydrométallurgiques de traitement de déchets solides ou de minerais industriels. Dans le cas des effluents industriels, cette méthode se substitue à la précipitation globale (généralement sous forme d'hydroxydes) qui conduit souvent à l'enfouissement des solides en Centre de Stockage pour Déchets Ultimes de classe I. Une méthode de précipitation par les carboxylates a été développée au sein du laboratoire. Ce sont des composés non toxiques, biodégradables et bon marché qui doivent permettre de valoriser tant les filtrats que les précipités. De plus, ils présentent la possibilité de recycler le réactif.

Suite aux deux thèses précédentes, le choix de l'étude s'est porté sur le décanoate de sodium [Péneliau, 2003] et le nonanoate [Zimmermann, 2005]. L'heptanoate a également été intégré à l'étude car il est déjà étudié au L.C.S.M. de l'Université Henri Poincaré de Nancy pour ses propriétés d'inhibiteurs de corrosion. L'octanoate a été ajouté pour compléter la systématique de cette étude. Ainsi les carboxylates linéaires saturés de 7 à 10 carbones ont été étudiés. Bien qu'étant utilisés dans divers domaines de la chimie (en tant que tensioactifs, liants pour revêtements de surface, cosmétique…), peu de données thermodynamiques sont disponibles pour les carboxylates métalliques. Le but de ce travail a donc été de caractériser les carboxylates métalliques divalents et trivalents afin de pouvoir utiliser les carboxylates dans une nouvelle application : la précipitation sélective des cations métalliques.

Le premier chapitre de ce mémoire présente l'étude réalisée sur plusieurs carboxylates métalliques divalents. 7 métaux (cadmium, cobalt, cuivre, manganèse, nickel, plomb et zinc) et 4 carboxylates ont été étudiés menant à la caractérisation par analyse chimique et diffraction des rayons X (DRX) de 28 solides. Pour chaque carboxylate métallique, des mesures de solubilité ont été réalisées permettant de calculer le produit de solubilité correspondant. Le diagramme de solubilité de chaque carboxylate métallique peut ainsi être tracé. De même, le comportement thermique a été étudié par analyse thermogravimétrique (ATG). Pour chaque carboxylate, la température de fusion, le produit et la température de dégradation sont désormais disponibles. De même, nous avons cherché à déterminer des intermédiaires de décomposition à partir des ATG lorsque cela était possible.

Le chapitre II présente une étude similaire réalisée sur deux décanoates de métaux trivalents : le fer et le chrome. Les caractérisations menées sont similaires à celles menées sur les carboxylates de métaux divalents. Une analyse par spectrométrie infrarouge a également été réalisée sur le décanoate de fer. Lorsque cela était possible, des mesures de solubilité ont été réalisées pour permettre une comparaison entre décanoates de métaux di et tri valents.

Enfin le chapitre III est consacré à l'utilisation des carboxylates en tant que réactif de précipitation sélective de cations métalliques contenus dans des effluents industriels. Deux réactifs sont présentés. Les décanoates métalliques sont les carboxylates métalliques étudiés qui présentent les plus faibles solubilités. Une étude théorique de la faisabilité des séparations sélectives par le décanoate de sodium a donc été menée puis validée par l'expérience. La séparation sélective d'un mélange nickel – cadmium synthétique, représentatif d'un lixiviat de batterie, par le décanoate de sodium, a été étudiée à l'aide de la méthodologie des plans d'expériences, puis testée sur déchet réel. La séparation sélective utilisant un carboxylate solide, le décanoate de calcium, a également été testée. Des expériences ont été menées sur deux mélanges synthétiques, un mélange nickel – cadmium et un mélange cuivre – zinc représentatif des bains de laitonnage usés.

# CHAPITRE 1

## Caractérisation de carboxylates métalliques divalents

Le développement entrepris repose sur l'exploitation de la réactivité de cations métalliques divalents vis-à-vis de solutions de carboxylates de sodium, afin de permettre la précipitation sélective et la récupération de ces cations métalliques présents en solution. Il est indispensable de caractériser les produits obtenus en vue d'une application potentielle.

Lorsqu'ils sont présents à des concentrations relativement faibles, les carboxylates forment des complexes en solution avec de nombreux cations. De part leur propriété acido-basique, les carboxylates formés en solution possèdent un site (le groupement carboxyle : $COO^-$) capable de piéger (ou complexer) les cations. Ils peuvent donc former des sels, généralement peu solubles avec les cations métalliques, selon la réaction suivante [Bossert R. G., 1950] :

$$M^{2+} + 2\ C_x^- \longrightarrow M(C_x)_{2\,(s)}$$

Cette réaction peut être mise à profit pour la précipitation de cations métalliques mono, di et trivalents.

L'objectif à terme de ces travaux est de pouvoir utiliser les carboxylates comme agents de précipitation sélective des métaux contenus soit dans les déchets industriels liquides soit dans les lixiviats obtenus dans divers procédés hydrométallurgiques. Pour envisager de telles opérations, il est nécessaire de déterminer la solubilité et le comportement thermique des composés.

Avant toute détermination de constantes thermodynamiques, il faut s'assurer que les produits formés sont bien des carboxylates métalliques. La première partie de cette étude présente la caractérisation des solides obtenus par analyse chimique et diffraction des rayons X.

Lorsque les composés formés étaient bien des carboxylates métalliques purs, une étude de solubilité a été menée. Cette étude est présentée dans la seconde partie de ce chapitre. Les solubilités sont des données thermodynamiques nécessaires pour envisager des opérations de séparation sélective en utilisant les carboxylates.

11

Enfin la troisième partie de ce chapitre est consacrée à l'étude du comportement thermique des carboxylates métalliques. L'étude de ce comportement repose sur la détermination des températures de fusion et sur l'étude de la décomposition thermique. Ces données sont utiles en aval de la précipitation sélective car elles permettent de déterminer la voie de valorisation des produits solides formés : pyrométallurgie ou hydrométallurgie.

La caractérisation des carboxylates de huit cations métalliques a été réalisée. Il s'agit des carboxylates de cadmium, cobalt, cuivre, fer, manganèse, nickel, plomb et zinc. Pour chaque cation, quatre carboxylates (heptanoate, octanoate, nonanoate et décanoate) ont été étudiés, exception faite du fer, pour lequel seul le décanoate métallique a été étudié. Avant la caractérisation, à proprement parler des différents composés, une première partie recense toutes les techniques expérimentales utilisées pour cette étude.

## A. Techniques expérimentales :

### 1. Synthèse des carboxylates métalliques :

Les différentes solutions de cations métalliques ont été préparées à l'aide des sels répertoriés dans le tableau I. Pour chaque cation, des solutions d'environ 0,1 M sont préparées par dissolution de la masse de sel adéquate dans le volume précis d'eau pure nécessaire (conductivité $< 0.1$ S.cm$^{-1}$).

| Cation métallique | Sel utilisé | Caractéristique du produit commercial employé |
|---|---|---|
| $Cd^{2+}$ | Sulfate de cadmium | 3 $CdSO_4,8H_2O$ : Prolabo – pureté > 99% - MM = 769,5 g.mol$^{-1}$ |
| $Co^{2+}$ | Sulfate de cobalt | $CoSO_4,7H_2O$ : Fluka – pureté > 97,5% - MM = 281,10 g.mol$^{-1}$ |
| $Cu^{2+}$ | Sulfate de cuivre | $CuSO_4,5H_2O$ : Acros Organics – pureté > 99,5% - MM = 249,68 g.mol$^{-1}$ |
| $Fe^{2+}$ | Sel de Mohr | $(NH_4)_2Fe(SO_4)_2,6H_2O$ : Prolabo – pureté > 99,5% - MM = 392,13 g.mol-1 |
| $Mn^{2+}$ | Sulfate de manganèse | $MnSO_4,H_2O$ : Prolabo – pureté > 99% - MM = 169,01 g ;mol$^{-1}$ |
| $Ni^{2+}$ | Sulfate de nickel | $NiSO_4,6H_2O$ : Acros Organics – pureté > 99% - MM = 262,86 g.mol$^{-1}$ |
| $Pb^{2+}$ | Nitrate de plomb | $Pb(NO_3)_2$ : Acros organics – pureté > a 99% - MM = 331,2 g.mol$^{-1}$ |
| $Zn^{2+}$ | Sulfate de zinc | $ZnSO_4,7H_2O$ : Riedel – deHaën – pureté > 99% - MM = 287,55 g.mol$^{-1}$ |

Tableau I : sels utilisés dans la préparation des différentes solutions cationiques

Les solutions de carboxylates de sodium sont préparées par neutralisation de l'acide correspondant par de la soude NaOH de façon à obtenir des solutions de concentration proche de 1 M. Les acides carboxyliques proviennent de chez Acros Organics. Le tableau II récapitule les caractéristiques des acides utilisés.

| Acide carboxylique | Caractéristiques |
|---|---|
| Heptanoïque (HC7) | $C_7H_{14}O_2$ : Acros Organics – pureté = 98% - MM = 130,19 g.mol$^{-1}$ |
| Octanoïque (HC8) | $C_8H_{16}O_2$ : Acros Organics – pureté = 99% - MM = 144,21 g.mol$^{-1}$ |
| Nonanoïque (HC9) | $C_9H_{18}O_2$ : Acros Organics – pureté = 97% - MM = 158,24 g.mol$^{-1}$ |
| Décanoïque (HC10) | $C_{10}H_{20}O_2$ : Sigma – pureté > 99% - MM = 172,27 g.mol$^{-1}$ |

Tableau II : caractéristiques des acides carboxyliques utilisés

Malheureusement il n'a pas été possible de déterminer quelles étaient les différentes impuretés dans les acides carboxyliques. Dans la suite de ces travaux, pour des raisons de lisibilité et de simplification, les acides carboxyliques seront notés $HC_x$ (avec x : nombre de carbone total dans la chaîne aliphatique) et les carboxylates correspondant $C_x^-$.

Les différents carboxylates métalliques sont obtenus par ajout du volume exact de carboxylate de sodium pour précipiter la totalité du cation métallique présent en solution, selon le rapport stœchiométrique du composé $M(C_x)_2$. La solution contenant le cation à précipiter est introduite dans un bécher. Le volume de carboxylate de sodium nécessaire à la précipitation de la totalité du cation est alors ajouté. Le mélange est agité 30 mn, puis le solide obtenu est filtré et lavé par trois fois dans 200 mL d'eau (ce volume est ramené à 100 mL d'eau dans le cas des composés les plus solubles) afin d'éliminer les traces de cations ou de carboxylates qui n'auraient pas réagi. Une fois lavé, le solide est séché pendant 24 h dans un dessiccateur sous vide. Le séchage peut ne pas être complet et des traces d'eau résiduelle peuvent être présentes dans les différents composés formés.

## 2. Analyse chimique des précipités :

Environ 1 gramme de composé sec est introduit dans un bécher. Environ 20 mL d'acide nitrique ($HNO_3$ 7M) sont ajoutés dans le bécher qui est recouvert d'un verre de montre puis le mélange est porté à ébullition jusqu'à disparition complète du solide. Le bécher est ensuite laissé à refroidir jusqu'à température ambiante. Pour les décanoates métalliques, une étape de filtration supplémentaire sur papier filtre est nécessaire pour éliminer l'acide décanoïque formé qui est solide à température ambiante. Le filtrat est ensuite ajusté en fiole jaugée et la teneur en métal est déterminée par dosage par Spectrométrie d'Absorption Atomique (S.A.A.).

### 3. Analyse radiocristallographique :

Dans ces travaux, des diffractogrammes sur poudre ont été réalisés pour tous les carboxylates (C$_7$, C$_8$, C$_9$ et C$_{10}$) de cadmium, cobalt, cuivre, manganèse, nickel, plomb et zinc.

Ces derniers ont été obtenus à l'aide de différents diffractomètres. Pour les composés du cobalt, cadmium, cuivre, manganèse, nickel, plomb, zinc, les diffractogrammes ont été réalisés soit au laboratoire sur un diffractomètre INEL XRG 2500 à compteur courbe CPS 120, soit au Laboratoire de Chimie du Solide Minéral de l'Université Henri Poincaré – Nancy I sur un diffractomètre Panalytical XPert Pro. Les composés du manganèse ont été analysés sur un diffractomètre D8 Advance BRUKER avec un détecteur LynxEyes. Ce détecteur discriminant en énergie a permis de filtrer la fluorescence du manganèse. Les échantillons ont été analysés au centre BRUKER AXS Gmbh à Karlsruhe en Allemagne. Selon le montage, les raies K$_\alpha$ du cuivre ($\lambda$ = 1,54056 Å) et du cobalt ($\lambda$ = 1,78897 Å) ont été utilisées.

### 4. Analyse thermique :

L'analyse thermique des composés a pour but de déterminer le comportement thermique des carboxylates métalliques pour déterminer les voies de valorisation des solides formés. Deux données sont nécessaires en vue d'une application industrielle: la température de fusion des composés et le produit et la température de décomposition. Ces deux données sont déterminées de deux manières différentes.

#### a) Détermination des points de fusion :

Un appareil de type Melting Point Apparatus SMP3 Stuart Scientific (T$_{max}$ = 270 °C) est utilisé. Une petite quantité de produit (environ 1 mg) est insérée dans un capillaire. Le capillaire subit ensuite une montée en température de 1 °C.min$^{-1}$. La température de fusion est déterminée par observation visuelle. Certains de ces composés présentent la particularité de passer par des phases dites plastiques ou gels. D'autres présentent des températures de fusion et de dégradation très proches. Ces transformations rendent difficiles l'observation visuelle du point de fusion des carboxylates métalliques.

b) Analyse thermogravimétrique :

Des analyses thermogravimétriques sous air ont été réalisées sur l'ensemble des composés formés, c'est-à-dire sur les carboxylates de cadmium, cobalt, cuivre, manganèse, nickel, plomb et zinc.

Une thermobalance SETARAM ATG – 92 a été utilisée pour les heptanoates, octanoates et nonanoates de cadmium, cuivre, nickel, plomb et zinc. Les différentes analyses ont été effectuées au LCME (Laboratoire de Chimie et Méthodologie pour l'Environnement) de l'Université Paul Verlaine – Metz.

Les décanoates métalliques ainsi que les carboxylates de cobalt et de manganèse ont été analysés au LCSM de l'Université Henri Poincaré – Nancy I à l'aide d'une thermobalance TG92-16.18 SETARAM couplée à une canne ATD plateau (gamme de mesure +/- 200 mg, précision environ 10 μg et température maximale de 1500 °C).

Pour chaque expérience, quel que soit l'appareil utilisé, environ 20 mg du carboxylate métallique étudié est placé dans un creuset en alumine. Il subit une montée en température de 5 °C.min$^{-1}$ sous air jusqu'à 575 °C. Seules les analyses TD des décanoates réalisées au LCSM sont présentées dans ce manuscrit.

## B. Caractérisation des solides obtenus :

L'objectif premier de ces recherches est de déterminer la solubilité et le comportement thermique des carboxylates métalliques en vue de l'utilisation des carboxylates dans le traitement d'effluents industriels issus de procédés hydrométallurgiques. De telles mesures nécessitent d'être certain que les solides

16

formés sont bien des carboxylates métalliques purs. Pour ce faire, une analyse chimique des solides a systématiquement été réalisée.

Peu d'études ont été menées sur les carboxylates métalliques en général. Toutefois, quelques structures ont tout de même été déterminées notamment pour les carboxylates de plomb et de zinc mais également pour quelques composés du cuivre. Tout comme l'analyse chimique, les diffractogrammes réalisés permettront de déterminer la nature des composés formés.

Les précipités synthétisés sont des poudres blanches ou colorées suivant le cation métallique qui entre en jeu. Le tableau III présente les photos de huit décanoates synthétisés par précipitation. Pour un même cation, la couleur des solides est identique quel que soit le carboxylate.

| Nom du composé | Notation | Photos | Nom du composé | Notation | Photos |
|---|---|---|---|---|---|
| Décanoate de cadmium | $Cd(C_{10})_2$ | | Décanoate de nickel | $Ni(C_{10})_2$ | |
| Décanoate de cobalt | $Co(C_{10})_2$ | | Décanoate de plomb | $Pb(C_{10})_2$ | |
| Décanoate de cuivre | $Cu(C_{10})_2$ | | Décanoate de zinc | $Zn(C_{10})_2$ | |
| Décanoate de manganèse | $Mn(C_{10})_2$ | | | | |

**Tableau III : couleur des décanoates métalliques synthétisés**

Il est à noter que le décanoate de fer$^{II}$ n'apparaît pas dans ce tableau. L'oxydation à l'air du fer$^{II}$ en fer$^{III}$ nécessite quelques précautions et ne permet pas une synthèse directe. C'est pourquoi ce composé fait l'objet d'un développement particulier à la fin de ce chapitre.

Dans un souci de clarté et de compréhension, les résultats sont présentés par cation métallique. Pour chaque famille, seront donc présentés le résultat des analyses chimiques et les quatre diffractogrammes. Les analyses chimiques seront exprimées en pourcentage massique du métal. Chaque pourcentage massique obtenu expérimentalement est comparé avec le pourcentage massique théorique contenu dans l'hydroxyde métallique et dans le carboxylate métallique correspondant à celui étudié.

Sont d'abord présentés les carboxylates métalliques dont les structures cristallographiques ont été établies, puis les métaux pour lesquels peu de données bibliographiques sont disponibles. Le tout est précédé d'un bilan bibliographique sur la cristallochimie des carboxylates métalliques et les caractéristiques générales des diffractogrammes de tels composés.

## 1. Cristallochimie des carboxylates métalliques :

Les carboxylates métalliques ont des structures en feuillets, formés par des plans parallèles contenant le cation métallique séparés par les chaînes carbonées du carboxylate. Ces dernières ne sont pas perpendiculaires au plan contenant l'atome métallique mais possèdent généralement un angle d'inclinaison par rapport à ce plan. La distance entre les plans est égale à deux fois la longueur des chaînes carbonées multipliées par le sinus de l'angle d'inclinaison [Vold, 1949]. La distance entre les plans (ou distance inter lamellaire) augmente avec le nombre de carbones dans la chaîne aliphatique [Peultier, 2003].

Les diffractogrammes, relevés dans la littérature présentent deux séries de pics caractéristiques des carboxylates métalliques: une première série de pics est observable entre 8 et 40 Å qui est le résultat de la diffraction des plans contenant le cation métallique. Les distances entres les pics sont proportionnelles aux longueurs de chaînes. Une deuxième série de pics apparaît entre 3 et 5 Å. Elle est associée à l'arrangement des chaînes aliphatiques à l'intérieur du feuillet [Taylor, 2006].

Les carboxylates d'alcalino – terreux présentent des structures similaires pour un même carboxylate et un même cation. Les carboxylates métalliques cristallisent dans des systèmes similaires pour un même métal. Les carboxylates de nickel, cobalt et manganèse ne permettent pas d'obtenir de diffractogrammes suffisamment définis pour pouvoir remonter à leur structure [Vold, 1949].

Plusieurs structures de carboxylates de plomb et de zinc sont disponibles dans la littérature. Les structures sont généralement obtenues après étude des composés sur monocristaux. Certaines structures de carboxylates de plomb ont tout de même été déterminées à partir de résultats obtenus sur poudre [Ellis, 1981]. La structure de l'heptanoate de cuivre a également été résolue après étude sur monocristal. Les autres carboxylates métalliques présentés dans ces travaux ont été très peu étudiés ou l'ont été pour des molécules complexes, polynucléaires à plusieurs ligands [Likura, 1998 ; Ruiz, 1998]. Plus le nombre de carbones dans la chaîne aliphatique est important, plus il est difficile d'obtenir de monocristaux. Il est donc possible de trouver des études de structure sur poudre pour des carboxylates à longue chaîne. Dans ce cas, l'étude de la structure reposera essentiellement sur l'isotypie du composé étudié avec des carboxylates à plus courte chaîne [Taylor, 2006].

En général, même si certaines structures ne sont pas disponibles dans la littérature, la diffraction des rayons X permet de vérifier si le composé formé est bien un carboxylate métallique. En effet, bien que deux composés cristallisant dans un même système avec la même symétrie présentent des paramètres de maille différents (par exemple l'heptanoate de plomb et l'heptanoate de cuivre [Vold, 1949]), les caractéristiques principales des diffractogrammes sont les mêmes pour tous les carboxylates métalliques, du fait de leur structure en feuillets.

## 2. Carboxylates de zinc :

L'analyse chimique des quatre carboxylates de zinc est présentée dans le tableau IV. Les pourcentages massiques obtenus sont comparés à ceux de l'hydroxyde de zinc et du carboxylate correspondant supposés purs.

| | % massique de Zn expérimental | % massique de Zn dans $Zn(C_x)_2$ | % massique de Zn dans $Zn(OH)_2$ |
|---|---|---|---|
| $Zn(C_7)_2$ | $18,99 \pm 0,9$ | 20,19 | |
| $Zn(C_8)_2$ | $18,46 \pm 0,2$ | 18,58 | 65,79 |
| $Zn(C_9)_2$ | $16,04 \pm 0,7$ | 17,21 | |
| $Zn(C_{10})_2$ | $15,87 \pm 0,6$ | 16,03 | |

**Tableau IV : analyse chimique des carboxylates de zinc**

Les pourcentages massiques expérimentaux sont clairement inférieurs à ceux de l'hydroxyde de zinc. Par contre, ils sont très proches, aux incertitudes près, de ceux calculés dans le cas de carboxylates de zinc.

Dans la bibliographie, de nombreuses structures de carboxylates de zinc linéaires et saturés sont disponibles. Il est vrai que les diffractogrammes des carboxylates de zinc sont très bien définis. Ainsi les structures des carboxylates de zinc pour des chaînes allant de 2 à 10 carbones ont été déterminées et sont présentées dans le tableau V.

Les carboxylates de zinc cristallisent dans deux systèmes : monoclinique et orthorhombique ou bien les deux comme c'est le cas pour l'acétate de zinc. Les paramètres de maille sont très différents suivant le composé considéré. Une façon simple d'expliquer ces différences est que les différents auteurs ne considèrent pas la même maille lorsqu'il détermine la structure du composé, ce qui induit des variations importantes dans les différentes distances interatomiques. Si l'on considère les composés qui cristallisent dans le même système, par exemple dans le système P2₁/c, c'est-à-dire éthanoate, butanoate, hexanoate et nonanoate de zinc (C₃, C₄, C₆, C₉), les paramètres de maille b et c ainsi que l'angle β sont constants d'une structure à l'autre. Par contre le paramètre de maille a augmenté de façon régulière et quasi linéaire avec le nombre de carbones dans la chaîne aliphatique. Il s'agit du paramètre de maille qui correspond à la distance inter- feuillets dans le carboxylate. Ainsi plus le nombre de carbones dans la chaîne aliphatique est important, plus ce paramètre augmente de façon proportionnelle avec le nombre de carbones dans la molécule.

| | Groupe Spatial | a/Å | b/Å | c/Å | β/° | Références |
|---|---|---|---|---|---|---|
| $Zn(C_2)_2$ | C2/c | 30,237 | 4,799 | 9,260 | 99,49 | [Clegg, 1986] |
| | Fdd2 | 15,712 | 15,558 | 10,901 | 90 | [Capilla, 1979] |
| $Zn(C_3)_2$ | P2₁/c | 19,144 | 4,794 | 9,286 | 91,8 | [Goldschmied, 1977] |
| | Pna2₁ | 9,2862 | 4,7937 | 19,087 | 90 | [Clegg, 1987] |
| $Zn(C_4)_2$ | P2₁/c | 23,48 | 4,795 | 9,380 | 90,08 | [Blair, 1993] |
| $Zn(C_6)_2$ | P1c1 | 32,309 | 4,7865 | 9,3282 | 93,73 | [Taylor, 2006] |
| | P2₁/c | 32,395 | 4,7914 | 9,3450 | 93,661 | [Segedin, 1999] |
| $Zn(C_7)_2$ | Pbc2₁ | 4,7651 | 9,340 | 37,066 | 90 | [Peultier, 2000] |
| $Zn(C_8)_2$ | Pc | 21,093 | 4,6905 | 9,2544 | 101,323 | [Peultier, 2000] |
| $Zn(C_9)_2$ | P2₁/c | 46,5237 | 4,7202 | 9,3491 | 92,2955 | [Peultier, 2000] |
| $Zn(C_{10})_2$ | C2 | 7,8348 | 5,6077 | 25,0341 | 93,02 | [Peultier, 2000] |

**Tableau V : structures des carboxylates de zinc trouvées dans la littérature**

La figure 2 montre l'arrangement des différents atomes dans l'heptanoate de zinc [Peultier, 2003]. Le plan contenant les atomes métalliques est en fait constitué de tétraèdres $ZnO_4$ dont chaque oxygène provient d'un carboxylate. Les carboxylates sont « pontés » sur deux atomes de zinc différents.

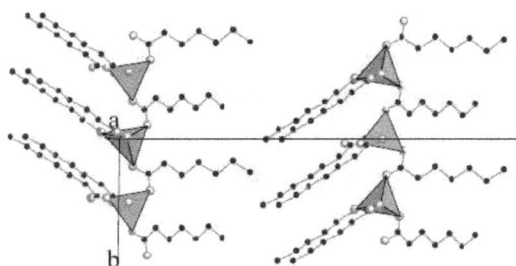

**Figure 2 : structure cristallographique de Zn(C₇)₂ projeté suivant le plan [0 0 1] [Peultier, 2003]**

Il est à noter que les motifs de bases diffèrent suivant le carboxylate entrant en jeu dans la molécule. Par conséquent, les chaînes carbonées n'adoptent pas la même disposition dans le feuillet. Les diffractogrammes obtenus pour les composés formés dans cette étude sont présentés sur la figure 3.

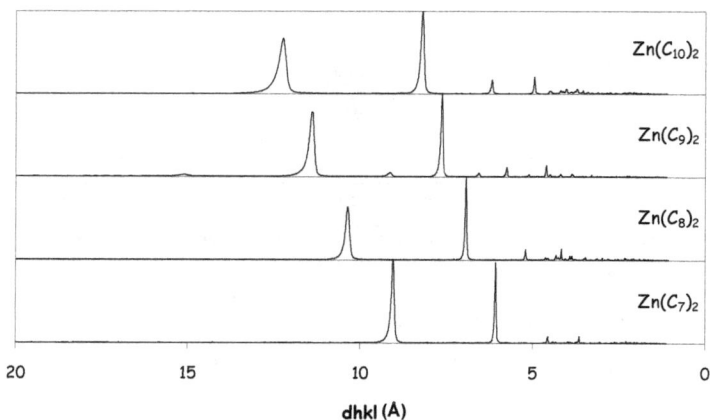

**Figure 3 : diffractogrammes des carboxylates de zinc du type Zn(Cₓ)₂ pour x = 7, 8, 9 et 10**

Le diffractogramme obtenu pour l'heptanoate de zinc est en accord avec celui obtenu par Peultier [Peultier, 2003]. Seul un pic dans les forts $d_{hkl}$ est absent. Il apparait pour un $d_{hkl}$ non détecté par notre appareillage. Le composé formé est donc bien de l'heptanoate de zinc. Un décalage vers les grandes valeurs de $d_{hkl}$ est observable lorsque le nombre de carbones dans la chaîne aliphatique augmente. Ceci est caractéristique de la structure en feuillets des carboxylates et notamment de la distance inter-feuillets qui augmente. Enfin, on retrouve bien des pics de fortes intensités pour des $d_{hkl}$ supérieurs à 5 Å et des pics de faibles intensités mais nombreux pour de faibles $d_{hkl}$.

En conclusion, les quatre composés du zinc formés par précipitation sont bien des carboxylates de zinc. Ces résultats sont confirmés à la fois par l'analyse chimique et par la diffraction des rayons X en comparaison avec les données déjà existantes.

### 3. Carboxylates de plomb :

Comme pour le zinc, les analyses chimiques et les diffractogrammes des quatre composés du plomb formé sont présentés ici. Les pourcentages massiques de métal contenu dans les précipités sont donnés dans le tableau VI.

| | % massique de Pb expérimental | % massique de Pb dans $Pb(C_x)_2$ | % massique de Pb dans $Pb(OH)_2$ |
|---|---|---|---|
| $Pb(C_7)_2$ | $44,15 \pm 0,1$ | $44,5$ | |
| $Pb(C_8)_2$ | $41,31 \pm 0,3$ | $41,98$ | $85,9$ |
| $Pb(C_9)_2$ | $39,39 \pm 0,2$ | $39,72$ | |
| $Pb(C_{10})_2$ | $37,15 \pm 0,2$ | $37,69$ | |

**Tableau VI : analyse chimique des carboxylates de plomb**

Comme pour le zinc, les pourcentages massiques expérimentaux obtenus sont très proches du pourcentage massique théorique de plomb dans les carboxylates supposés purs. L'analyse chimique montre donc sans ambigüité que les différents composés formés sont bien des carboxylates de plomb. Les thermogrammes montrent également que les composés formés sont anhydres.

Les structures de carboxylates de plomb allant du $C_8$ au $C_{18}$ contenant un nombre pair de carbones sont disponibles dans la littérature. Elles ont été déterminées à partir de diffractogrammes obtenus sur poudre. Les différents auteurs s'accordent à dire que les carboxylates de plomb cristallisent dans un système triclinique de groupe spatial $P_{\bar{1}}$. Les paramètres de mailles des différentes structures déterminées sont présentés dans le tableau VII.

Les angles entre les atomes varient aléatoirement quel que soit l'angle considéré. Les paramètres de l'heptanoate de plomb diffèrent sensiblement des autres carboxylates. Ceci est du au fait que les auteurs ne considèrent pas la même maille atomique. En doublant les valeurs des distances inter atomiques a et b pour l'heptanoate de plomb, nous nous apercevons que ces deux paramètres sont à peu près constants quel que soit le nombre de carbones contenus dans la molécule, soit environ 8 Å pour a et compris entre 11 et 16 Å pour b. Contrairement aux carboxylates de zinc, il n'y a pas de variations proportionnelles entre le paramètre c et le nombre de carbones dans la molécule.

| | a/Å | b/Å | c/Å | α/° | β/° | γ/° | Réf. |
|---|---|---|---|---|---|---|---|
| $Pb(C_7)_2$ | 4,833 | 7,260 | 23,111 | 91,45 | 95,6 | 90,905 | [Rocca, 2001] |
| $Pb(C_8)_2$ | 8,70 | 11,47 | 36,97 | 49,57 | 52,22 | 51,01 | [Ellis, 2005] |
| $Pb(C_{10})_2$ | 8,529 | 11,207 | 28,451 | 83,814 | 88,971 | 65,143 | [Ellis, 2002] |
| $Pb(C_{12})_2$ | 8,84 | 13,57 | 34,06 | 84,80 | 85,59 | 70,50 | [Ellis, 2005] |
| $Pb(C_{14})_2$ | 8,35 | 11,12 | 25,14 | 53,40 | 74,99 | 70,74 | [Ellis, 2005] |
| $Pb(C_{16})_2$ | 7,64 | 15,45 | 24,15 | 103,05 | 75,52 | 88,17 | [Ellis, 2005] |
| $Pb(C_{18})_2$ | 8,46 | 13,40 | 26,69 | 77,71 | 100,34 | 74,55 | [Ellis, 2005] |

**Tableau VII : paramètres de maille des carboxylates de plomb recensés dans la littérature**

Tous les carboxylates cristallisent dans le même système avec le même groupe spatial. Pourtant, l'arrangement des chaînes carbonées à l'intérieur du feuillet varie suivant le nombre de carbones. Pour les carboxylates possédant douze carbones ou moins dans leur chaîne, ces dernières ont un arrangement double couche (figure 4a), c'est-à-dire que les chaînes sont parallèles et au même niveau et que le feuillet équivaut à deux chaînes de carboxylates. Pour les carboxylates possédant plus de 12 carbones dans leur chaîne aliphatique, il s'agit d'un empilement monocouche (figure 4b). Les chaînes sont alors alternées et décalées ; le feuillet équivaut à une seule chaîne de carboxylate.

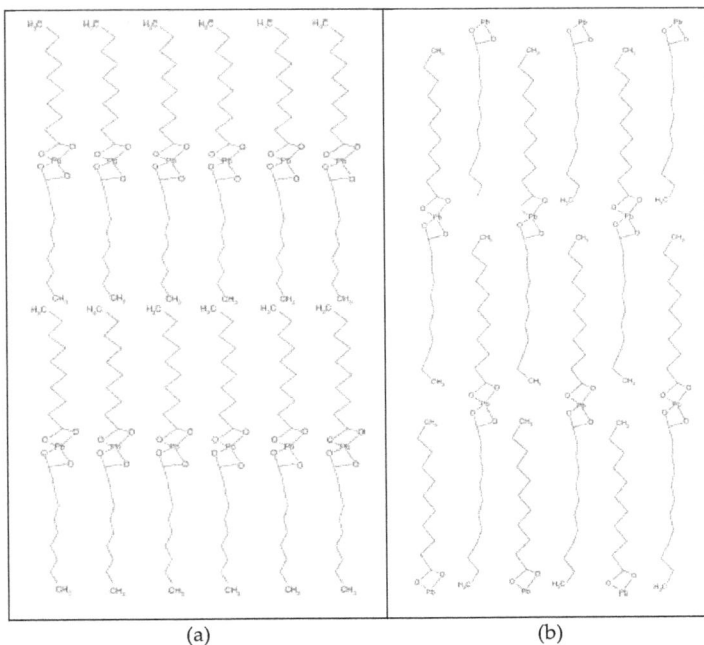

(a)                                    (b)

**Figure 4 : représentation des empilements double couche (a) et mono couche (b) des chaînes aliphatiques dans les feuillets [Ellis, 2005]**

Les diffractogrammes obtenus sur les composés synthétisés au laboratoire sont présentés sur la figure 5.

Le décalage caractéristique des pics vers les valeurs de $d_{hkl}$ élevées avec l'augmentation du nombre de carbones dans la chaîne aliphatique est bien visible. Tout comme l'allure générale du diffractogramme qui présente des pics de fortes intensités pour de grands $d_{hkl}$ et une forêt de pics de faibles intensités à de faibles

25

d$_{hkl}$. Les composés formés sont donc bien des carboxylates de plomb, ce qui confirme les résultats de l'analyse chimique des solides.

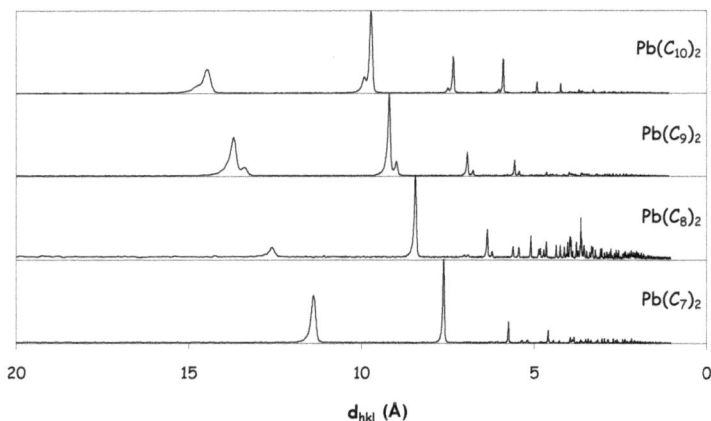

Figure 5 : diffractogrammes des carboxylates de plomb du type Pb(C$_x$)$_2$ pour x = 7, 8, 9 et 10

## 4. Carboxylates de cuivre :

L'analyse chimique des quatre carboxylates montre des résultats expérimentaux très proches de la composition théorique des carboxylate de cuivre, comme en atteste le tableau VIII. La formation d'un possible hydroxyde de cuivre est à exclure et les composés formés sont donc bien de l'heptanoate, de l'octanoate, du nonanoate et du décanoate de cuivre.

|  | % massique de Cu expérimental | % massique de Cu dans Cu(C$_x$)$_2$ | % massique de Cu dans Cu(OH)$_2$ |
|---|---|---|---|
| Cu(C$_7$)$_2$ | 18,78 ± 0,9 | 19,74 | 65,15 |
| Cu(C$_8$)$_2$ | 17,82 ± 0,5 | 18,16 | |
| Cu(C$_9$)$_2$ | 16,07 ± 0,6 | 16,81 | |
| Cu(C$_{10}$)$_2$ | 15,48 ± 0,1 | 15,65 | |

Tableau VIII : analyse chimique des carboxylates de cuivre.

L'heptanoate de sodium a été étudié comme possible agent inhibiteur de la corrosion aqueuse du cuivre. La couche protectrice obtenue est de l'heptanoate de cuivre. Pour cette étude, Rapin [Rapin, 1994] a déterminé la structure de l'heptanoate de cuivre. Ce composé cristallise dans un système triclinique de groupe spatial $P\bar{1}$ comme les carboxylates de plomb. Les paramètres de maille de l'heptanoate de cuivre sont donnés dans le tableau IX.

| $Cu(C_7)_2$ | | |
|---|---|---|
| Système | triclinique | |
| Groupe spatial | $P\bar{1}$ | |
| Paramètres de maille | a = 5,170 Å | α = 86,65° |
| | b = 8,518 Å | β = 83,60° |
| | c = 19,217 Å | γ = 75,46° |

**Tableau IX : système cristallin et paramètres de maille de l'heptanoate de cuivre**

Les diffractogrammes obtenus pour les quatre carboxylates de cuivre sont présentés sur la figure 6.

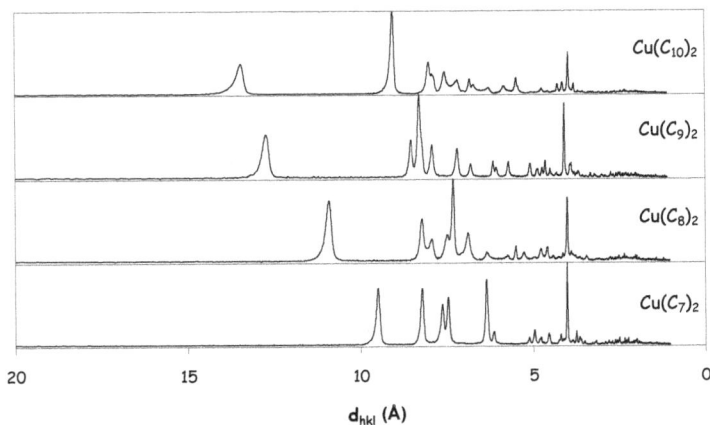

**Figure 6 : diffractogrammes des carboxylates de cuivre du type $Cu(C_x)_2$ pour x = 7, 8, 9 et 10**

Le diffractogramme obtenu pour l'heptanoate de cuivre correspond à celui obtenu par Rapin lors de l'étude menée pour déterminer la structure de ce composé. Le composé obtenu avec $C_7$ est donc bien de l'heptanoate de cuivre. Comme pour les deux métaux étudiés précédemment, l'allure générale des diffractogrammes correspond bien à ceux de carboxylates métalliques. Les composés formés sont donc bien ceux déterminés lors de l'analyse chimique des solides, c'est-à-dire $Cu(C_7)_2$, $Cu(C_8)_2$, $Cu(C_9)_2$ et $Cu(C_{10})_2$.

### 5. Carboxylates de cadmium :

Aucune donnée bibliographique n'a été trouvée pour des carboxylates de cadmium linéaires saturés. Les conclusions sur les diffractogrammes se feront donc uniquement sur les caractéristiques générales de ces composés.

L'analyse chimique des quatre composés a donc été réalisée et les pourcentages massiques en cadmium des différents solides sont présentés dans le tableau X pour y être comparés à ceux théoriques des hydroxydes et des carboxylates.

| | % massique de Cd expérimental | % massique de Cd dans $Cd(C_x)_2$ | % massique de Cd dans $Cd(OH)_2$ |
|---|---|---|---|
| $Cd(C_7)_2$ | $29,25 \pm 1,1$ | 30,32 | |
| $Cd(C_8)_2$ | $28,56 \pm 0,4$ | 28,19 | 76,77 |
| $Cd(C_9)_2$ | $25,78 \pm 0,3$ | 26,33 | |
| $Cd(C_{10})_2$ | $22,96 \pm 0,9$ | 24,71 | |

**Tableau X : analyse chimique des carboxylates de cadmium**

Les pourcentages massiques correspondent bien à ceux des quatre carboxylates métalliques.

Les quatre diffractogrammes sont présentés sur la figure 7. Comme précédemment, des pics de fortes intensités sont visibles pour des $d_{hkl}$ supérieurs à 5 Å et une multitude de pics de faibles intensités apparaissent pour des $d_{hkl}$ inférieurs. De même, on observe le déplacement des pics vers les valeurs élevées de $d_{hkl}$ avec l'augmentation du nombre de carbones dans la chaîne aliphatique.

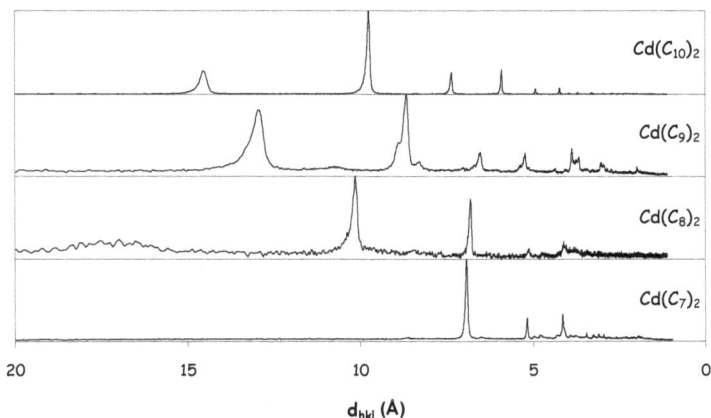

Figure 7 : diffractogrammes des carboxylates de cadmium du type $Cd(C_x)_2$ pour x = 7, 8, 9 et 10

L'analyse chimique et la diffraction des rayons X montrent bien que les composés formés sont bien les 4 carboxylates attendus.

## 6. Carboxylates de cobalt :

Les carboxylates de cobalt présentent la particularité de changer de couleur. La forme stable dans l'eau est de couleur rose. Toutefois, suivant le mode de séchage, les carboxylates de cobalt deviennent violet. Replongés dans l'eau, ils retrouvent une coloration rose. Les hydroxydes de cobalt présentent la même particularité de pouvoir être rose ou bleu, suivant qu'ils sont fraîchement précipités ou non [Lourié, 1975]. Une rapide étude bibliographique sur des carboxylates de cobalt complexes a montré que les cristaux obtenus étaient pourpres ou roses [Kwak, 2007 – Singh, 2007], couleur de la forme stable dans l'eau.

Le pourcentage massique de ces composés (tableau XI) est inférieur de près de 2,5 % au pourcentage massique théorique de cobalt dans les différents carboxylates.

| | % massique de Co expérimental | % massique de Co dans $Co(C_x)_2$ | % massique de Co dans $Co(OH)_2$ |
|---|---|---|---|
| $Co(C_7)_2$ | 15,78 ± 0,8 | 18,57 | |
| $Co(C_8)_2$ | 14,23 ± 0,6 | 17,06 | 63,41 |
| $Co(C_9)_2$ | 13,49 ± 0,6 | 15,78 | |
| $Co(C_{10})_2$ | 12,35 ± 1,2 | 14,68 | |

Tableau XI : analyse chimique des carboxylates de cobalt

Une hypothèse envisagée est que les carboxylates de cobalt ainsi formés soient hydratés. L'analyse thermogravimétrique réalisée sur les quatre carboxylates et les analyses TD/TG et DTG réalisées sur le décanoate de cobalt sont présentées sur la figure 8.

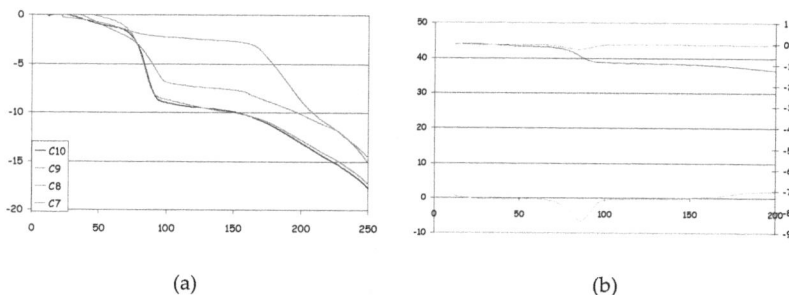

(a)                                              (b)

Figure 8 : thermogrammes des quatre carboxylates de cobalt (a) et ATG – TD du décanoate de cobalt (b) de 0 à 250 °C

Les thermogrammes (a) sont exprimés en pourcentage massique alors que le TG – TD du décanoate (b) est exprimé en masse. Plus la chaîne carbonée est courte, plus la perte en masse se fait à une température élevée. Globalement, les pertes en masse observées correspondent à 2 molécules d'eau, si l'on considère la perte en masse du $C_7$ jusqu'à T = 250 °C. Contrairement aux autres carboxylates étudiés précédemment, les composés du cobalt sont donc dihydratés.

Plus la chaîne carbonée est courte, plus un apport d'énergie important est nécessaire pour éliminer les deux molécules d'eau comme en atteste les températures de fin de perte en masse (environ 95 °C pour $C_9$ et $C_{10}$ contre 210 °C pour le $C_7$). Les courbes ATG – ATD et DTG réalisées sur $Co(C_{10})_2$ confirment qu'il s'agit bien d'eau de structure et non d'eau résiduelle conséquence d'un séchage incomplet.

Les composés formés sont donc bien des carboxylates de cobalt dihydratés. Les diffractogrammes des quatre carboxylates roses obtenus ont été réalisés (figure 9).

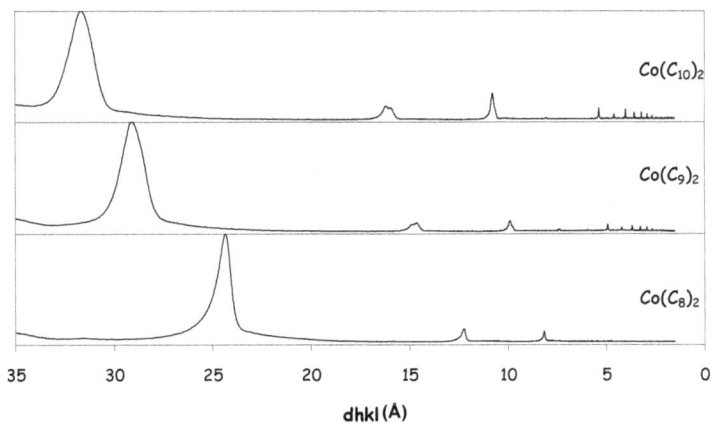

Figure 9 : diffractogrammes des carboxylates de cobalt roses du type $Co(C_x)_2$ pour x = 7, 8, 9 et 10

Contrairement aux trois autres composés, le diffractogramme de l'heptanoate de cobalt est représentatif d'un composé peu cristallisé. L'allure générale des diffractogrammes, ainsi que le décalage des pics vers les valeurs élevées de $d_{hkl}$ lorsque le nombre de carbones augmente confirment l'obtention de carboxylates de cobalt. Plus la chaîne carbonée est grande, plus les diffractogrammes sont définis et présentent un nombre important de pics. Les composés formés sont donc bien des carboxylates de cobalt. Toutefois, ces composés sont di hydratés contrairement aux autres métaux étudiés. Une autre caractéristique de ces composés est le changement de couleur observé suivant le mode de séchage appliqué au solide. En effet, les composés passent du rose au violet. Les formes roses sont plutôt cristallisées (figure 9), alors que les formes violettes ont tendances à être amorphes et présentent des diffractogrammes équivalent à celui de l'heptanoate de cobalt présenté figure 9.

Malgré des diffractogrammes présentant peu de pics, les solides obtenus ont été identifiés comme étant des carboxylates de cobalt dihydratés de la forme $Co(C_7)_2,2H_2O$, $Co(C_8)_2,2H_2O$, $Co(C_9)_2,2H_2O$ et $Co(C_{10})_2,2H_2O$. Le pourcentage massique théorique a été recalculé en tenant compte des deux molécules d'eau. Les résultats sont présentés dans le tableau XII et sont en adéquation avec les résultats théoriques correspondant à des carboxylates di hydratés.

| | % massique de Co expérimental | % massique de Co dans $Co(C_x)_2.2H_2O$ |
|---|---|---|
| $Co(C_7)_2.2H_2O$ | $15,78 \pm 0,8$ | 16,68 |
| $Co(C_8)_2.2H_2O$ | $14,23 \pm 0,6$ | 15,45 |
| $Co(C_9)_2.2H_2O$ | $13,49 \pm 0,6$ | 14,37 |
| $Co(C_{10})_2.2H_2O$ | $12,35 \pm 1,2$ | 13,47 |

**Tableau XII : pourcentage massique de cobalt recalculé en tenant compte de l'hydratation des molécules**

7. Carboxylates de nickel :

Les solides obtenus sont caractérisés comme précédemment. Bien que le nickel présente une chimie très proche de celle du cobalt, les carboxylates de nickel ne sont pas hydratés. Le résultat des analyses chimiques (tableau XIII) montre bien que les quatre solides formés ici sont bien des carboxylates de nickel anhydres. Ce résultat est confirmé par les analyses thermogravimétriques.

| | % massique de Ni expérimental | % massique de Ni dans Ni(C$_x$)$_2$ | % massique de Ni dans Ni(OH)$_2$ |
|---|---|---|---|
| Ni(C$_7$)$_2$ | 18,42 ± 0,2 | 18,51 | |
| Ni(C$_8$)$_2$ | 16,90 ± 0,1 | 17,01 | 63,32 |
| Ni(C$_9$)$_2$ | 15,32 ± 0,3 | 15,73 | |
| Ni(C$_{10}$)$_2$ | 13,38 ± 0,2 | 14,63 | |

Tableau XIII : analyse chimique des quatre carboxylates de nickel étudiés

Le diffractogramme obtenu pour chaque solide est présenté sur la figure 10. Ils sont inexploitables du fait de la fluorescence du nickel et ne permettent pas de corroborer les résultats de l'analyse chimique, hormis pour le décanoate de nickel qui présente quelques pics. Il y a des pics de fortes intensités aux grands d$_{hkl}$, ceci ressemblerait à un diffractogramme de carboxylate, ce qui confirme l'analyse chimique.

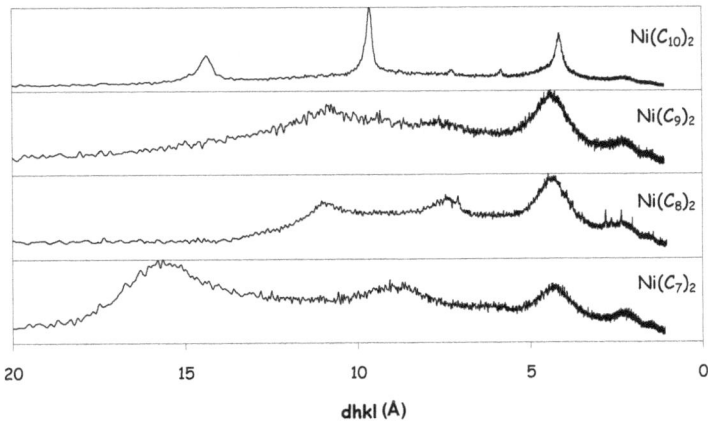

Figure 10 : diffractogrammes des carboxylates de nickel du type Ni(C$_x$)$_2$ pour x = 7, 8, 9 et 10

33

### 8. Carboxylates de manganèse :

Le dernier cation métallique étudié ici est le manganèse dont les résultats sont présentés dans le tableau XIV et la figure 11.

| | % massique de Mn expérimental | % massique de Mn dans $Mn(C_x)_2$ | % massique de Mn dans $Mn(OH)_2$ |
|---|---|---|---|
| $Mn(C_7)_2$ | $17,25 \pm 0,4$ | 17,53 | |
| $Mn(C_8)_2$ | $15,97 \pm 0,3$ | 16,09 | 61,77 |
| $Mn(C_9)_2$ | $14,13 \pm 0,4$ | 14,87 | |
| $Mn(C_{10})_2$ | $13,19 \pm 0,4$ | 13,82 | |

**Tableau XIV : analyse chimique des carboxylates de manganèse**

Les solides formés sont donc des carboxylates de manganèse anhydres comme le montre la comparaison des pourcentages massiques expérimentaux et théoriques.

Le manganèse est un métal qui fluoresce également sous le rayonnement $K\alpha$ du cuivre. Toutefois, les diffractogrammes ont été obtenus avec un appareillage qui atténue cette fluorescence ce qui permet d'obtenir des diffractogrammes qui présentent des pics exploitables pour la caractérisation des composés.

Les diffractogrammes permettent d'identifier les composés formés comme étant des carboxylates de manganèse. Ceci corrobore les analyses chimiques et confirme que les solides obtenus sont bien des carboxylates de manganèse anhydres. Toutefois, une précaution est à prendre avec ces composés puisqu'il est apparu qu'avec le temps les solides brunissaient. Au contact de l'air ambiant, le manganèse (+II) s'oxyde. Cette oxydation est très lente. Les solides, conservés dans des piluliers, sont devenus légèrement bruns après plus d'un an de stockage.

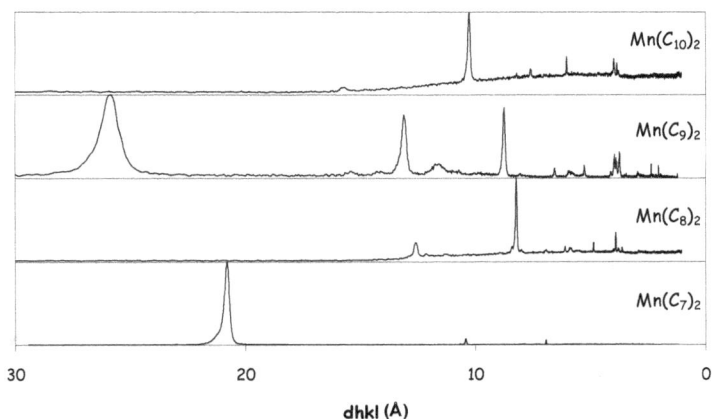

**Figure 11 : diffractogrammes des carboxylates de manganèse du type Mn(C$_x$)$_2$ pour x = 7, 8, 9 et 10**

## 9. Cas particulier du décanoate de fer (+II):

Les ions Fe$^{2+}$ étant facilement oxydables en ions Fe$^{3+}$ sous l'effet de l'oxygène, les solutions ferreuses sont préparées et stockées à un pH voisin de 0 de manière à ralentir l'oxydation.

La première étape a donc été de déterminer le pH idéal de précipitation. Le pH initial de la solution étant très acide, il est impossible d'additionner le décanoate de sodium directement car il y aurait instantanément protonation de l'anion et formation d'acide décanoïque solide. Le volume équivalent observé serait alors supérieur à celui attendu pour la formation de Fe(C$_{10}$)$_2$. Inversement, l'oxydabilité de Fe$^{2+}$ ne permet pas de travailler avec des pH trop peu acide. L'oxydation plus ou moins rapide du cation suivant le pH peut conduire à la présence en solution de l'espèce Fe(OH)$_2^+$. Dans ce cas le volume équivalent expérimental sera inférieur au volume théorique attendu.

Le pH idéal de précipitation a donc été déterminé en réalisant des suivis pH métrique de la formation du décanoate de fer à différents pH initiaux. Le pH de précipitation qui servira pour les expériences ultérieures est celui pour lequel le volume équivalent expérimental est égal au volume théorique attendu pour la formation de $Fe(C_{10})_2$.

Mode opératoire : Dans un bécher, on introduit 5 mL d'une solution ferreuse (0,1 M). La solution est diluée environ dix fois pour obtenir un volume de solution permettant une mesure de pH à l'aide d'une électrode de pH combinée. On ajoute alors du décanoate de sodium (0,1 M) à l'aide d'une burette automatisée jusqu'à l'obtention d'un saut de pH correspondant à la précipitation du décanoate ferreux. La précipitation de $Fe(C_{10})_2$ dans ces conditions de concentrations de solution nécessite l'ajout de 10 mL de décanoate de sodium. Le pH idéal de précipitation est donc le pH pour lequel le volume du réactif précipitant ajouté est égal au volume théorique attendu soit 10 mL. La figure 12 rassemble les résultats des différents suivis réalisés. La ligne verticale en pointillés symbolise le volume équivalent théorique attendu. Le volume équivalent de la courbe violette est très proche de celui attendu pour la formation du composé (tableau XV).

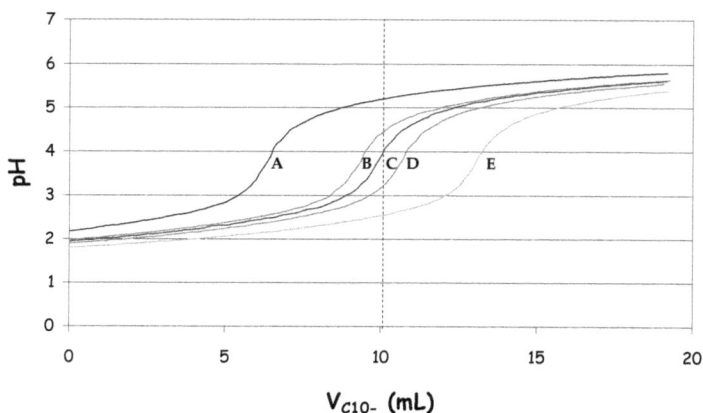

Figure 12 : suivis pH – métrique de la précipitation de $Fe(C_{10})_2$ à différents pH initiaux

Pour des valeurs de pH inférieures, le volume de décanoate de sodium au point équivalent est supérieur au volume attendu en raison de la protonation du réactif. Le mélange obtenu dans ces conditions est un mélange $Fe(C_{10})_2 - HC_{10}$.

Pour des valeurs de pH supérieures, le volume au point équivalent est inférieur au volume attendu. Lors de l'ajustement du pH, il y a oxydation d'une partie du $Fe^{II}$ en $Fe^{III}$. Au pH de précipitation (1,98 et 2,18), le $fer^{III}$ est sous sa forme $Fe(OH)_2^+$ (cf. : chapitre II paragraphe A). Pour un précipité mettant en jeu un $fer^{III}$, un seul décanoate réagit contre deux pour $Fe(C_{10})_2$, c'est pourquoi le volume équivalent observé est inférieur à celui attendu.

| pH ini. | Lettre sur la courbe | Veq exp. (mL) | Veq théo. (mL) |
|---------|---------------------|---------------|----------------|
| 1,8 | E | 13,1 | 10 |
| 1,9 | D | 10,7 | 10 |
| 1,95 | C | 10,03 | 10 |
| 1,98 | B | 9,4 | 10 |
| 2,18 | A | 6,53 | 10 |

Tableau XV : volumes équivalents observés lors des différents suivis de précipitation

Un nouveau suivi a été réalisé sous atmosphère inerte (argon) à partir de d'une solution préalablement ajustée à pH = 1,95 et est présenté figure 13.

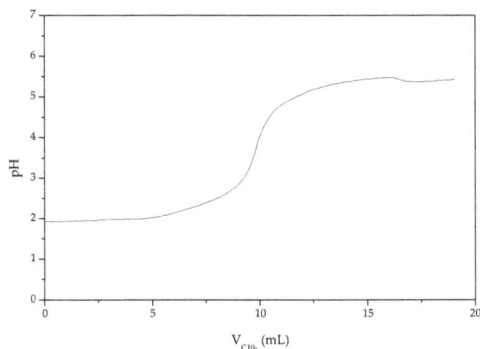

Figure 13 : suivis pH-métrique de la précipitation de $Fe(C_{10})_2$ sous atmosphère contrôlée

Le volume équivalent observé est de 9,75 mL. Si le suivi pH-métrique semble indiquer que le composé formé est bien de formule $Fe(C_{10})_2$ il n'a pas été possible de caractériser le précipité obtenu. En effet, dès que le solide est sorti du milieu désaéré dans lequel il a été formé, le fer$^{II}$ s'oxyde spontanément en fer$^{III}$ lors de la filtration et du lavage.

## 10. Conclusion :

La caractérisation des carboxylates métalliques mettant en jeu le cadmium, cobalt, cuivre, manganèse, nickel, plomb et zinc, soit au total 28 composés, a été réalisée par diffraction des rayons X et par analyse chimique. Les analyses chimiques ont montré que tous les solides obtenus étaient bien des carboxylates métalliques anhydres à l'exception des carboxylates de cobalt qui sont dihydratés, comme l'a confirmé l'analyse thermogravimétrique.

Pour tous les composés, les diffractogrammes ont corroboré les conclusions tirées des analyses chimiques. Quand cela a été possible (zinc, plomb, cuivre), les diffractogrammes obtenus ont été comparés avec ceux disponibles dans la bibliographie et ont confirmé les hypothèses avancées. Lorsqu'aucune donnée n'était disponible, comme c'est le cas pour la majorité des carboxylates métalliques étudiés dans ces travaux, les diffractogrammes montraient les caractéristiques attendues des carboxylates métalliques :

- quelques pics de forte intensité entre 8 et 40 Å correspondant à la diffraction des plans contenant le cation métallique. Les distances entre les pics sur le diffractogrammes sont proportionnelles à la longueur de chaînes.
- une série de pics de faible intensité entre 3 et 5 Å issus de la réflexion de l'arrangement des chaînes dans les feuillets. Les pics y sont beaucoup plus nombreux.

Enfin une dernière partie était consacrée à l'étude du décanoate ferreux. Le fer (+II) s'oxyde en fer (+III) sous l'effet de l'oxygène de l'air ne permettant pas de réaliser la synthèse de $Fe(C_{10})_2$ sous atmosphère non contrôlée. Des synthèses sous argon ont donc été réalisées. Si du décanoate ferreux a bien été obtenu, il n'a pas été possible de le sortir de son milieu réactionnel pour le caractériser. Pour les 7 autres métaux étudiés, les composés étant bien des carboxylates métalliques, des mesures de solubilité ont été réalisées.

## C. Détermination des solubilités des carboxylates métalliques :

La solubilité d'un solide correspond à la concentration en solution saturée des espèces qui le constituent lorsque l'équilibre thermodynamique est atteint. La connaissance des valeurs de solubilité et des constantes d'acidité des cations métalliques nous permet d'établir des diagrammes de solubilité des espèces considérées, en fonction du pH. Le but est de disposer d'un outil permettant de prévoir la sélectivité des réactions de précipitation pour des mélanges de cations métalliques.

Comme pour la diffraction des rayons X, les données sur la solubilité des carboxylates métalliques sont rares. Quelques-unes sont toutefois disponibles pour les carboxylates de cuivre, de plomb et de zinc, métaux pour lesquelles des structures étaient déjà disponibles. Il est donc nécessaire, dans un premier temps, de déterminer les solubilités des 28 carboxylates métalliques caractérisés afin de pouvoir tracer les diagrammes de solubilité conditionnelle.

### 1. Méthode expérimentale :

La méthode mise en place est la méthode dite analytique [Grant, 1990]. Cette méthode est simple à mettre œuvre et rapide d'exécution.

Les mesures de solubilité sont réalisées avec des précipités fraîchement préparés. Une quantité de précipité, suffisante pour obtenir un système saturé, est ajoutée à 50 mL d'eau pure. La pulpe est maintenue à 20 ± 0,5 °C dans une cellule thermostatée et agitée à l'aide d'un barreau aimanté (350 tours.min$^{-1}$) durant tout le temps de l'expérience. Le temps d'attente nécessaire pour atteindre l'équilibre thermodynamique du système a été préalablement déterminé par un suivi conductimétrique. Un temps d'agitation de deux heures est suffisant.

A la fin de chaque expérience, le pH est mesuré avec une électrode de pH combinée Radiometer Analytical XC100 raccordé à un pH mètre standard Meterlab PHM 210. Les solutions sont filtrées sous vide sur des membranes millipore en acétate de cellulose

(0,22 µm) pour être analysées par Spectrométrie d'Absorption Atomique (S.A.A.). Les mesures de solubilité ont été systématiquement répétées cinq fois pour chacun des carboxylates métalliques étudiés.


◆ Résultats expérimentaux :

Les résultats expérimentaux des quatre carboxylates de cadmium, cobalt, cuivre, manganèse, nickel, plomb et zinc sont rassemblés dans le tableau XVI. Dès lors, il est possible de calculer les produits de solubilité à partir des solubilités conditionnelles obtenues à partir des concentrations mesurées lors de ses expériences. Les intervalles de confiance sont calculés sur la moyenne pour un niveau de confiance de 95 %.

| Cations | Composés | Solubilité (mol.L$^{-1}$) | pH |
|---|---|---|---|
| Cd$^{2+}$ | Cd(C$_7$)$_2$ | $3,72.10^{-3} \pm 0,09.10^{-3}$ | 5,3 |
| | Cd(C$_8$)$_2$ | $1,42.10^{-3} \pm 0,07.10^{-3}$ | 6,0 |
| | Cd(C$_9$)$_2$ | $3,20.10^{-4} \pm 0,13.10^{-4}$ | 5,0 |
| | Cd(C$_{10}$)$_2$ | $1,02.10^{-4} \pm 0,04.10^{-4}$ | 5,4 |
| Co$^{2+}$ | Co(C$_7$)$_2$.2H$_2$O | $6,84.10^{-3} \pm 0,12.10^{-3}$ | 6,7 |
| | Co(C$_8$)$_2$.2H$_2$O | $4,36.10^{-3} \pm 0,02.10^{-3}$ | 5,4 |
| | Co(C$_9$)$_2$.2H$_2$O | $1,24.10^{-3} \pm 0,03.10^{-3}$ | 6,9 |
| | Co(C$_{10}$)$_2$.2H$_2$O | $3,48.10^{-4} \pm 0,08.10^{-4}$ | 6,6 |
| Cu$^{2+}$ | Cu(C$_7$)$_2$ | $9,37.10^{-4} \pm 0,11.10^{-4}$ | 6,0 |
| | Cu(C$_8$)$_2$ | $3,47.10^{-4} \pm 0,22.10^{-4}$ | 5,0 |
| | Cu(C$_9$)$_2$ | $9,18.10^{-5} \pm 0,21.10^{-5}$ | 4,5 |
| | Cu(C$_{10}$)$_2$ | $1,34.10^{-5} \pm 0,06.10^{-5}$ | 4,7 |
| Mn$^{2+}$ | Mn(C$_7$)$_2$ | $1,97.10^{-2} \pm 0,19.10^{-2}$ | 6,9 |
| | Mn(C$_8$)$_2$ | $3,78.10^{-3} \pm 0,17.10^{-3}$ | 7,45 |
| | Mn(C$_9$)$_2$ | $1,29.10^{-3} \pm 0,14.10^{-3}$ | 5,45 |
| | Mn(C$_{10}$)$_2$ | $2,91.10^{-4} \pm 0,11.10^{-4}$ | 6,1 |
| Ni$^{2+}$ | Ni(C$_7$)$_2$ | $1,62.10^{-2} \pm 0,14.10^{-2}$ | 7,2 |
| | Ni(C$_8$)$_2$ | $8,78.10^{-3} \pm 0,22.10^{-3}$ | 6,4 |
| | Ni(C$_9$)$_2$ | $2,39.10^{-3} \pm 0,09.10^{-3}$ | 6,2 |
| | Ni(C$_{10}$)$_2$ | $6,27.10^{-4} \pm 0,27.10^{-4}$ | 6,3 |
| Pb$^{2+}$ | Pb(C$_7$)$_2$ | $5,98.10^{-4} \pm 0,19.10^{-4}$ | 6,3 |
| | Pb(C$_8$)$_2$ | $1,74.10^{-4} \pm 0,22.10^{-4}$ | 6,45 |
| | Pb(C$_9$)$_2$ | $4,12.10^{-5} \pm 0,12.10^{-5}$ | 4,1 |
| | Pb(C$_{10}$)$_2$ | $6,46.10^{-6} \pm 0,12.10^{-6}$ | 4,6 |
| Zn$^{2+}$ | Zn(C$_7$)$_2$ | $3,02.10^{-3} \pm 0,01.10^{-3}$ | 4,2 |
| | Zn(C$_8$)$_2$ | $5,99.10^{-4} \pm 0,06.10^{-4}$ | 4,5 |
| | Zn(C$_9$)$_2$ | $2,06.10^{-4} \pm 0,07.10^{-4}$ | 4,6 |
| | Zn(C$_{10}$)$_2$ | $4,87.10^{-5} \pm 0,01.10^{-5}$ | 4,9 |

Tableau XVI : concentrations et pH des filtrats à la fin de chaque détermination de solubilité

## 2. Solubilité conditionnelle, solubilité et produit de solubilité :

La réaction correspondant à l'équilibre de solubilité d'un carboxylate métallique divalent dans l'eau est la suivante (avec $y = x - 2$ et $x$ le nombre total de carbones dans la chaîne aliphatique):

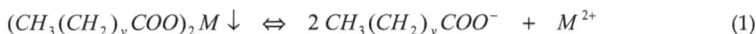

$$(CH_3(CH_2)_y COO)_2 M \downarrow \iff 2\, CH_3(CH_2)_y COO^- \ + \ M^{2+} \tag{1}$$

Le produit de solubilité du composé, noté $K_{sp}$, est obtenue à partir de la relation ci-après avec a représentant les coefficients d'activité des espèces en solution:

$$K_{sp} = a_{(M2+)} . a^2_{(CH3(CH2)yCOO-)} \tag{2}$$

Les coefficients d'activité sont calculés à l'aide de la loi de Debye – Hückel dans laquelle I est la force ionique de la solution :

$$\log \gamma = -\frac{0.5 z_i^2 \sqrt{I}}{1 + \sqrt{I}} \tag{3}$$

Pour une valeur de pH donnée, le cation métallique peut se trouver sous différentes formes telles que $MOH^+$, $M(OH)_2$ ou $M(OH)_x^{(x-2)-}$ et l'anion carboxylate peut se protoner pour donner sa forme acide $HC_x$. Dans ces conditions, $K_{sp}$ est remplacé par le produit de solubilité conditionnel, notée $K_{sp}^{cond}$, qui peut être écrit comme suit :

$$K_{sp}^{cond} = \gamma_M * \gamma_{Cx}^2 * [M] * [C_x]^2 \tag{4}$$

dans laquelle [M] représente la concentration totale des différentes espèces du métal et $[C_x]$ la somme des concentrations de l'acide carboxylique et de sa base conjuguée.

D'après Ringbom [Ringbom, 1963], le produit de solubilité conditionnel $K_{sp}^{cond}$ peut être calculé de la façon suivante :

$$K_{sp}^{cond} = K_{sp} * \alpha_M * \alpha_{Cx}^2 \tag{5}$$

Les coefficients de réaction $\alpha_M$ et $\alpha_{Cx}$ sont définit comme suit (toujours avec $y = x - 2$ et avec n nombre de molécules hydroxydes dans le composé) :

$$\alpha_M = \frac{[M]}{[M_{2+}]} = 1 + \frac{[MOH+]}{[M_{2+}]} + \frac{[M(OH)_2]}{[M_{2+}]} + \ldots + \frac{[M(OH)_n^{(n-2)-}]}{[M_{2+}]} \tag{6}$$

$$\alpha_{Cx} = \frac{[C_x]}{[CH_3(CH_2)_y COO^-]} = 1 + \frac{[CH_3(CH_2)_y COOH]}{[CH_3(CH_2)_y COO^-]} \tag{7}$$

En introduisant dans ces deux expressions les constantes d'acidité de $M^{2+}$ (tableau XVII) et de $CH_3(CH_2)_yCOOH$ (tableau XVIII) correspondant aux équilibres :

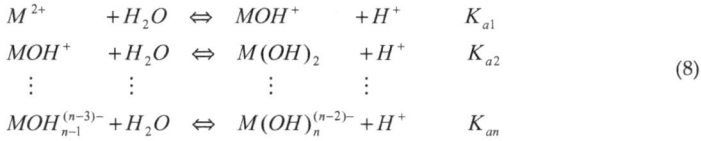

$$
\begin{aligned}
M^{2+} &+ H_2O \Leftrightarrow MOH^+ + H^+ & K_{a1} \\
MOH^+ &+ H_2O \Leftrightarrow M(OH)_2 + H^+ & K_{a2} \\
\vdots \quad &\quad \vdots \quad\quad\quad \vdots \quad\quad \vdots \\
MOH_{n-1}^{(n-3)-} &+ H_2O \Leftrightarrow M(OH)_n^{(n-2)-} + H^+ & K_{an}
\end{aligned} \tag{8}
$$

et

$$ CH_3(CH_2)_yCOOH \Leftrightarrow CH_3(CH_2)_yCOO^- + H^+ \quad K_{aCx} \tag{9} $$

|       | Co          | Cd           | Cu          | Mn          | Ni          | Pb          | Zn          |
|-------|-------------|--------------|-------------|-------------|-------------|-------------|-------------|
| Ka1   | $10^{-9,70}$  | $10^{-10,10}$  | $10^{-7,50}$  | $10^{-10,60}$ | $10^{-9,90}$  | $10^{-7,60}$  | $10^{-7,90}$  |
| Ka2   | $10^{-9,09}$  | $10^{-10,20}$  | $10^{-8,70}$  |             | $10^{-9,09}$  | $10^{-9,49}$  | $10^{-9,00}$  |
| Ka3   | $10^{-12,70}$ | $10^{-12,21}$  | $10^{-10,69}$ | $10^{-13,64}$ | $10^{-11,00}$ | $10^{-11,00}$ | $10^{-11,50}$ |
| Ka4   | $10^{-14,80}$ | $10^{-14,78}$  | $10^{-13,10}$ | $10^{-13,49}$ |             | $10^{-11,61}$ | $10^{-12,80}$ |

Tableau XVII : constante d'acidité des différents cations métalliques [Martell, 1992]

|        | HC7         | HC8         | HC9         | HC10        |
|--------|-------------|-------------|-------------|-------------|
| KaCx   | $10^{-4,89}$  | $10^{-4,89}$  | $10^{-4,94}$  | $10^{-4,97}$  |

Tableau XVIII : constante d'acidité des acides carboxyliques [Martell, 1992]

On obtient alors pour le calcul des deux coefficients de réaction :

$$ \alpha_M = 1 + \frac{K_{a1}}{[H^+]} + \frac{K_{a1}.K_{a2}}{[H^+]^2} + \cdots + \frac{K_{a1}.K_{a2}\ldots K_{an}}{[H^+]^n} \quad (10) \qquad \text{et} \qquad \alpha_{Cx} = 1 + \frac{[H^+]}{K_{aCx}} \quad (11) $$

A l'aide de l'équation (4), le produit de solubilité conditionnelle est d'abord calculé à partir des concentrations des filtrats en métaux déterminées par S.A.A. et regroupées dans le tableau XVI.

Le produit de solubilité $K_{sp}$ est, quant à lui, calculé à partir de l'équation (5) c'est-à-dire à partir de la solubilité conditionnelle déterminée en tenant compte des pH des différents filtrats. Les tableaux XIX, XX, XXI et XXII présentent les résultats par carboxylate.

| Heptanoates | $Co(C_7)_2.2H_2O$ | $Cd(C_7)_2$ | $Cu(C_7)_2$ | $Mn(C_7)_2$ | $Ni(C_7)_2$ | $Pb(C_7)_2$ | $ZnC_7)_2$ |
|---|---|---|---|---|---|---|---|
| Force ionique (mol.L$^{-1}$) | $2,05.10^{-2}$ | $1,12.10^{-2}$ | $2,81.10^{-3}$ | $5,92.10^{-2}$ | $4,85.10^{-2}$ | $1,79.10^{-3}$ | $9,06.10^{-3}$ |
| $\gamma_M$ | 0,56 | 0,64 | 0,79 | 0,41 | 0,44 | 0,83 | 0,67 |
| $\gamma_{C7}$ | 0,87 | 0,90 | 0,94 | 0,80 | 0,81 | 0,95 | 0,90 |
| $K_{sp}^{cond}$ | $5,39.10^{-7}$ | $1,07.10^{-7}$ | $2,32.10^{-9}$ | $7,95.10^{-6}$ | $4,87.10^{-6}$ | $1,94.10^{-9}$ | $6,04.10^{-8}$ |
| $K_{sp}$ | $4,98.10^{-7}$ | $5,69.10^{-8}$ | $2,02.10^{-9}$ | $7,81.10^{-6}$ | $4,81.10^{-6}$ | $5,68.10^{-10}$ | $1,72.10^{-9}$ |
| $pK_{sp}$ | 6,30 | 7,24 | 8,69 | 5,11 | 5,32 | 9,25 | 8,77 |

Tableau XIX : calcul du produit de solubilité des heptanoates métalliques

| Octanoates | $Co(C_8)_2.2H_2O$ | $Cd(C_8)_2$ | $Cu(C_8)_2$ | $Mn(C_8)_2$ | $Ni(C_8)_2$ | $Pb(C_8)_2$ | $ZnC_8)_2$ |
|---|---|---|---|---|---|---|---|
| Force ionique (mol.L$^{-1}$) | $1,31.10^{-2}$ | $4,27.10^{-3}$ | $1,04.10^{-3}$ | $1,14.10^{-2}$ | $2,63.10^{-2}$ | $5,21.10^{-4}$ | $1,80.10^{-3}$ |
| $\gamma_M$ | 0,62 | 0,75 | 0,87 | 0,64 | 0,53 | 0,90 | 0,83 |
| $\gamma_{C8}$ | 0,89 | 0,93 | 0,96 | 0,90 | 0,85 | 0,97 | 0,95 |
| $K_{sp}^{cond}$ | $1,63.10^{-7}$ | $7,57.10^{-9}$ | $1,35.10^{-10}$ | $1,12.10^{-7}$ | $1,03.10^{-6}$ | $1,94.10^{-11}$ | $6,50.10^{-10}$ |
| $K_{sp}$ | $1,07.10^{-7}$ | $6,54.10^{-9}$ | $1,16.10^{-10}$ | $1,11.10^{-7}$ | $9,70.10^{-7}$ | $1,59.10^{-11}$ | $6,27.10^{-11}$ |
| $pK_{sp}$ | 6,97 | 8,18 | 9,93 | 6,96 | 6,01 | 10,80 | 10,20 |

Tableau XX : calcul du produit de solubilité des octanoates métalliques

| Nonanoates | $Co(C_9)_2 \cdot 2H_2O$ | $Cd(C_9)_2$ | $Cu(C_9)_2$ | $Mn(C_9)_2$ | $Ni(C_9)_2$ | $Pb(C_9)_2$ | $ZnC_9)_2$ |
|---|---|---|---|---|---|---|---|
| Force ionique $(mol.L^{-1})$ | $3,73.10^{-3}$ | $9,59.10^{-4}$ | $2,75.10^{-4}$ | $3,87.10^{-3}$ | $7,18.10^{-3}$ | $1,24.10^{-4}$ | $6,18.10^{-4}$ |
| $\gamma_M$ | 0,77 | 0,87 | 0,93 | 0,76 | 0,70 | 0,95 | 0,89 |
| $\gamma_{C9}$ | 0,94 | 0,97 | 0,98 | 0,93 | 0,91 | 0,99 | 0,97 |
| $K_{sp}^{cond}$ | $5,15.10^{-9}$ | $1,06.10^{-10}$ | $2,77.10^{-12}$ | $5,72.10^{-9}$ | $3,19.10^{-8}$ | $6,09.10^{-13}$ | $2,96.10^{-11}$ |
| $K_{sp}$ | $5,02.10^{-9}$ | $2,73.10^{-11}$ | $2,07.10^{-13}$ | $3,32.10^{-9}$ | $2,86.10^{-8}$ | $4,51.10^{-15}$ | $2,87.10^{-12}$ |
| $pK_{sp}$ | 8,30 | 10,56 | 12,68 | 8,48 | 7,54 | 14,35 | 11,54 |

Tableau XXI : calcul du produit de solubilité des nonanoates métalliques

| Décanoates | $Co(C_{10})_2 \cdot 2H_2O$ | $Cd(C_{10})_2$ | $Cu(C_{10})_2$ | $Mn(C_{10})_2$ | $Ni(C_{10})_2$ | $Pb(C_{10})_2$ | $ZnC_{10})_2$ |
|---|---|---|---|---|---|---|---|
| Force ionique $(mol.L^{-1})$ | $1,04.10^{-3}$ | $3,6.10^{-4}$ | $5,27.10^{-5}$ | $8,73.10^{-4}$ | $1,88.10^{-3}$ | $1,94.10^{-5}$ | $1,46.10^{-4}$ |
| $\gamma_M$ | 0,87 | 0,92 | 0,97 | 0,88 | 0,83 | 0,98 | 0,95 |
| $\gamma_{C10}$ | 0,96 | 0,98 | 0,99 | 0,97 | 0,95 | 0,99 | 0,99 |
| $K_{sp}^{cond}$ | $1,36.10^{-10}$ | $3,76.10^{-12}$ | $2,04.10^{-14}$ | $8,09.10^{-11}$ | $7,40.10^{-10}$ | $1,04.10^{-15}$ | $4,25.10^{-13}$ |
| $K_{sp}$ | $1,29.10^{-10}$ | $2,04.10^{-12}$ | $2,24.10^{-15}$ | $6,99.10^{-11}$ | $6,71.10^{-10}$ | $8,91.10^{-17}$ | $8,99.10^{-14}$ |
| $pK_{sp}$ | 9,89 | 11,69 | 14,65 | 10,16 | 9,17 | 16,05 | 13,05 |

Tableau XXII : calcul du produit de solubilité des décanoates métalliques

On peut noter que les corrections apportées en tenant compte de la force ionique des solutions ne sont pas importantes sur les composés très peu solubles (les composés du plomb, ou les décanoates en général). Par contre, une telle correction était nécessaire sur les composés solubles tels que les heptanoates de cobalt, nickel et manganèse.

Si l'on regarde l'ensemble des valeurs de pKsp pour un même cation métallique, on s'aperçoit que plus il y a de carbones dans la chaîne aliphatique, plus le composé est insoluble et donc plus son produit de solubilité est élevé. Si l'on trace l'évolution des $pK_{sp}$ d'un même composé en fonction du nombre de carbones dans la chaîne aliphatique, on obtient la figure 14.

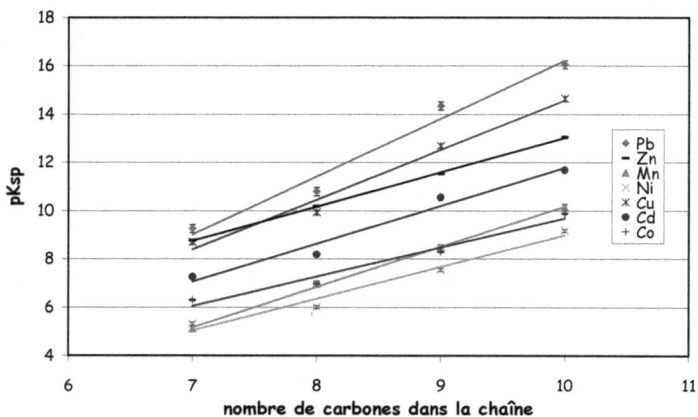

Figure 14 : produit de solubilité des carboxylates métalliques en fonction du nombre de carbones

Les produits de solubilité des heptanoates et des octanoates sont rassemblés sur 4 unités alors que ceux des nonanoates et des décanoates sont répartis sur 7 unités. La séparation sélective de métaux sera plus facilement réalisable en utilisant du nonanoate ou du décanoate plutôt que les deux autres carboxylates. Les écarts de valeur entre les produits de solubilité des décanoates sont plus importants que dans le cas des nonanoates, le décanoate de sodium devrait donner les meilleurs résultats de séparation sélective.

L'évolution du produit de solubilité des carboxylates métalliques en fonction du nombre de carbones dans la chaîne aliphatique montre une tendance linéaire. Grâce à cette évolution, il est peut être possible de déterminer les solubilités de carboxylates possédant une chaîne plus longue que celles étudiées ici. Pour vérifier cette hypothèse, les solubilités de quelques carboxylates ayant des chaînes plus longues ont été déterminées en vue d'une comparaison avec les valeurs extrapolées à l'aide de la figure 14.

Dans un premier temps, les solubilités des dodécanoates ($C_{12}$) de trois métaux ont été déterminées afin de vérifier les valeurs extrapolées. Ensuite la détermination de la solubilité du stéarate de cuivre a été réalisée pour vérifier la linéarité sur de plus grandes chaînes.

a) Solubilité des trois dodécanoates métalliques :

Les précipités ont été préparés de la même manière que pour les carboxylates étudiés précédemment. L'acide dodécanoique, utilisé pour synthétiser le dodécanoate de sodium, présente les caractéristiques suivantes :

$C_{12}H_{24}O_2$ – Acros Organics – pureté > 99,5% - MM = 200,32 g.mol$^{-1}$

Avant chaque détermination de solubilité, l'analyse chimique des composés a été réalisée avec le même protocole que pour les autres carboxylates (tableau XXIII).

|  | $Cu(C_{12})_2$ | $Mn(C_{12})_2$ | $Ni(C_{12})_2$ |
|---|---|---|---|
| % massique expérimental | $13,08 \pm 0,6$ | $11,74 \pm 0,3$ | $12,35 \pm 0,2$ |
| % massique théorique | 13,75 | 12,11 | 12,82 |

Tableau XXIII : analyse chimique des dodécanoates métalliques

Les précipités correspondant bien à des dodécanoates métalliques. Des diffractogrammes ont été réalisés et confirment ce résultat. Les solubilités ont donc été mesurées et ont permis le calcul des produits de solubilité expérimentaux. Grâce aux équations des droites de tendance, les produits de solubilité extrapolés ont été déterminés. Les résultats sont donnés dans le tableau XXIV.

|  | $Cu(C_{12})_2$ | $Mn(C_{12})_2$ | $Ni(C_{12})_2$ |
|---|---|---|---|
| Solubilité (mol.L$^{-1}$) | $1,02.10^{-6} \pm 0,23.10^{-6}$ | $3,57.10^{-5} \pm 0,09.10^{-5}$ | $4,39.10^{-5} \pm 0,06.10^{-5}$ |
| $K_{sp}^{cond}$ exp. | $4,18.10^{-18}$ | $1,70.10^{-13}$ | $3,13.10^{-13}$ |

| Ksp exp. | 1,40.10$^{-18}$ | 1,48.10$^{-13}$ | 2,62.10$^{-13}$ |
|---|---|---|---|
| pKsp expérimentale | 17,85 ± 0,34 | 12,83 ± 0,03 | 12,58 ± 0,02 |
| pKsp extrapolé | 18,71 | 13,51 | 11,60 |

**Tableau XXIV : comparaison des produits de solubilité expérimentaux et théoriques**

Une légère différence apparaît entre les valeurs expérimentales et théoriques. Toutefois, les concentrations dosées sont faibles, et à l'erreur expérimentale près, les résultats sont en bon accord. La validation étant effective sur les dodécanoates, la même comparaison a été effectuée sur l'octadécanoate (ou stéarate, $C_{18}$) de cuivre.

### b) Solubilité du stéarate de cuivre :

Seul le composé du cuivre a été testé car la fabrication du carboxylate métallique n'a pas pu être réalisée de manière directe. En effet, il a été impossible de préparer une solution d'octadécanoate de sodium, ce dernier étant trop insoluble dans l'eau. Une technique d'échange de cations a donc été mise en place en utilisant de l'octadécanoate de calcium. La formation de l'octadécanoate de cuivre repose sur le déplacement de l'équilibre chimique de la solution lorsque du $Ca(C_{18})_2$ est ajouté à une solution de chlorure de cuivre suivant la réaction :

$$Ca(C_{18})_{2\,(s)} + Cu^{2+} \rightleftarrows Cu(C_{18})_{2\,(s)} + Ca^{2+}$$

L'octadécanoate de calcium est préparé par mélange direct de l'acide octadécanoique ($C_{18}H_{36}O_2$ – Fluka – pureté = 97 % - MM = 284,49 g.mol$^{-1}$) avec de la chaux (CaO) en milieu aqueux. Dans un bécher, on insère 1,46 g de CaO et 15,40 g de HC$_{18}$ auxquels on ajoute environ 80mL d'eau. Après 12 h de mise sous agitation à 450 tours.min$^{-1}$, le composé est lavé trois fois dans 200 mL d'eau distillée puis filtré avant d'être séché 24 h à l'étuve à 105 °C.

Le stéarate de cuivre est obtenu en faisant réagir le stéarate de calcium avec une solution de chlorure de cuivre. Dans un bécher, on introduit 40 mL de Cu$^{2+}$ (0,1 M) auxquels on ajoute 2,4 g de $Ca(C_{18})_2$ de façon à avoir un excès en cuivre. Le tout est couvert et laissé sous agitation (450 tours.min$^{-1}$) durant 12 h. Le précipité est ensuite lavé trois fois dans 200 mL d'eau pure pour enlever l'excès de cuivre puis filtré et mis à sécher 24 h à 105 °C à l'étuve. Comme pour les dodécanoates une analyse chimique du solide obtenu a été réalisée. Le solide obtenu suite à cet échange contient 10,23 % de cuivre (valeur théorique attendue 10,08 %) et moins de 0,1 % en masse de calcium. Les résultats de mesure de solubilité sont présentés dans le tableau XXV.

|  | Cu(C$_{18}$)$_2$ |
|---|---|
| Solubilité (mol.L$^{-1}$) | 9,18.10$^{-8}$ |
| K$_{sp}^{cond}$ exp. | 3,09.10$^{-21}$ |
| K$_{sp}$ exp. | 2,15.10$^{-21}$ |
| **pK$_{sp}$ expérimentale** | **20,67 ± 0,24** |
| **pK$_{sp}$ théorique** | **31,08** |

**Tableau XXV : comparaison du produit de solubilité expérimentale et théorique de Cu(C$_{18}$)$_2$**

Les résultats expérimentaux ne sont pas en accord avec la valeur extrapolée comme le montre la figure 15. Le stéarate de cuivre apparaît être plus soluble que prévu par l'extrapolation de l'évolution des produits de solubilité.

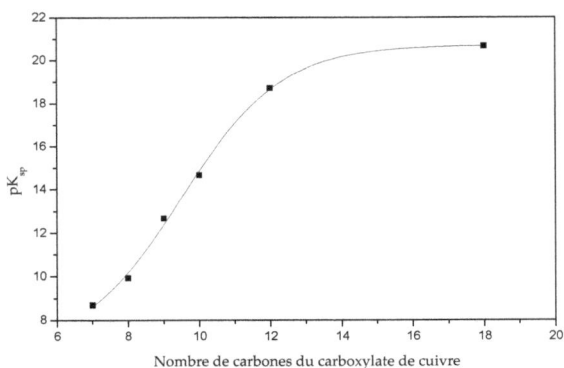

**Figure 15 : évolution du produit de solubilité des carboxylates de cuivre en fonction du nombre de carbones dans la chaîne aliphatique**

Il semble qu'à partir d'un certain nombre de carbones, il n'y ait plus d'influence de la longueur de chaîne sur la solubilité des composés.

3. Détermination de la solubilité du décanoate ferreux Fe(C$_{10}$)$_2$ :

La synthèse du décanoate ferreux devant être réalisée sous atmosphère inerte et face à l'impossibilité d'extraire le précipité formé du milieu réactionnel, nous avons décidé d'essayer de déterminer sa solubilité in situ sous atmosphère contrôlée. Deux modes opératoires ont été mis en œuvre.

a) Détermination de la solubilité de Fe(C$_{10}$)$_2$ en milieu désaéré :

La formation du précipité se fait dans une cellule hermétiquement fermée sous atmosphère d'argon. Les précipités sont formés par ajout de 5,43 mL de C$_{10}^-$ (0,92 M) à 5 mL d'une solution Fe$^{2+}$ (0,5 M) et du sulfate d'hydrazine est ajouté pour garantir que le fer soit sous sa forme +II. L'eau permutée utilisée pour le lavage est également conditionnée dans une cellule hermétique et dégazée pendant 30 min avant d'être ajoutée pour le lavage.

Un précipité de Fe(C$_{10}$)$_2$ blanc a été obtenu et des lavages ont été réalisés. Le composé formé flotte, ce qui ne facilite pas la récupération des eaux de lavages. Et après quatre lavages, le solide était brun. Malgré une atmosphère d'argon durant tout le temps de l'expérience, il n'a pas été possible de conserver le solide dans sa couleur initiale.

b) Détermination de la solubilité in situ sous une couche protectrice d'huile :

L'objectif est d'isoler totalement le milieu réactionnel à l'aide d'une pellicule d'huile hermétique à l'air comme l'illustre la photo de la figure 16.

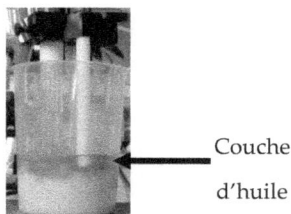

Couche d'huile

**Figure 16 : montage réalisé pour la détermination de la solubilité de Fe(C$_{10}$)$_2$ in situ**

Le mode opératoire appliqué est le suivant : 5 mL de fer (0,5 M) sont dilués 10 fois et mis dans un récipient assez large pour contenir toutes les électrodes et suffisamment haut pour limiter les contacts solution – air ambiant. Un bullage d'argon est appliqué pendant 45 min. La solution est ajustée à pH = 1,95 par ajout de soude toujours sous bullage d'argon. Les électrodes et les pointes d'addition sont mises en place. Une pointe de spatule de sulfate d'hydrazine est ajoutée pour réduire totalement le Fe$^{III}$ en Fe$^{II}$. De l'huile alimentaire est ajoutée en une fine pellicule homogène d'environ 5 mm d'épaisseur. Le bullage d'argon est coupé et le décanoate est ajouté en quantité suffisante pour précipiter la totalité du fer en solution. Le précipité obtenu est de couleur blanche avec une pellicule orange au contact de l'huile.

Le solide formé étant majoritairement composé de Fe(C$_{10}$)$_2$, des lavages ont été réalisés. Après un premier lavage dans 80 mL d'eau distillée préalablement dégazée, le précipité reste blanc. Le solide formé flotte à la surface eau/huile rendant difficile la récupération de l'eau de lavage. De plus il est apparu que le décanoate ferreux était miscible à l'huile, après un deuxième lavage, le solide était totalement passé en phase organique (figure 17).

**Figure 17 : lavage de Fe(C$_{10}$)$_2$ in situ sous une couche protectrice d'huile alimentaire**

51

Malgré toutes les tentatives réalisées avec différents modes opératoires, il n'a pas été possible de déterminer la solubilité du décanoate ferreux.

## 4. Conclusion :

La caractérisation des composés a montré que tous les solides obtenus étaient bien des carboxylates métalliques. Les produits de solubilité pour chaque solide ont pu être déterminés. Ainsi des données thermodynamiques sont disponibles pour les 28 composés mettant en jeu quatre carboxylates différents (heptanoate, octanoate, nonanoate et décanoate) avec sept cations métalliques divalents : cadmium, cobalt, cuivre, manganèse, nickel, plomb et zinc.

Il est apparu que, pour un même métal, le décanoate était plus insoluble que l'heptanoate et que le produit de solubilité ($pK_{sp}$) variait linéairement avec le nombre de carbones dans la chaîne aliphatique du composé. Cette observation a laissé entrevoir la possibilité d'extrapoler les produits de solubilité de carboxylates à plus longue chaîne. Pour valider cette hypothèse, les solubilités de trois dodécanoates métalliques (cuivre, manganèse et nickel) ont été déterminées de façon expérimentale. Les résultats théoriques et expérimentaux sont en adéquation dans le cas de ces composés. La même expérience a été réalisée pour le stéarate de cuivre $Cu(C_{18})_2$. La solubilité déterminée expérimentalement a montré que le solide obtenu était plus soluble que ne le laissait entrevoir l'extrapolation de la linéarité des produits de solubilité. Il est possible de déterminer les produits de solubilité des carboxylates par extrapolation mathématiques, uniquement dans un proche domaine de ceux étudiés.

Un dernier cation métallique a été étudié : $Fe^{2+}$. Le fer[II] s'oxyde rapidement en fer[III] sous l'effet de l'oxygène de l'air. La synthèse du composé a donc été réalisée sous atmosphère contrôlée. S'il semble bien que du décanoate ferreux ait bien été synthétisé, il n'a pas été possible de l'extraire de son milieu réactionnel pour le caractériser et pour déterminer sa solubilité.

## D. Comportement thermique des carboxylates métalliques :

Deux voies de traitement sont envisageables pour les carboxylates métalliques : l'hydrométallurgie qui consiste à lixivier les solides avec un acide et ainsi obtenir le cation en solution après élimination de l'acide carboxylique reformé et la pyrométallurgie qui consiste à griller le solide afin de le transformer en carbonate ou en oxyde. Dans ce cas, il est nécessaire de connaître le comportement thermique des composés, notamment pour déterminer le produit final du grillage.

Le comportement thermique des carboxylates métalliques correspond à l'évolution des solides sous l'effet d'un gradient de température. Les produits finaux de décomposition ont été déterminés pour chaque carboxylate métallique. Deux températures particulières ont également été déterminées : la température de fusion des solides et la température à laquelle intervient la décomposition.

Comme pour les autres caractérisations, le comportement thermique de ces composés a fait l'objet de peu d'études. Il faut remonter aux années 80 pour trouver des données sur les carboxylates aliphatiques saturés. Des données ont tout de même étaient recensées pour certains métaux comme les carboxylates de plomb, de cuivre et de zinc.

### 1. Détermination des températures de fusion :

#### a) Bibliographie :

Dans toutes les publications recensées, les auteurs démontrent qu'il n'y a pas toujours de fusion directe du carboxylate métallique mais passage par des liquides cristallins, des phases mésomorphiques ou des phases dites plastiques. La transformation solide – liquide est complexe et se fait en plusieurs étapes. En effet lors d'une étude en DSC, il n'est pas rare de voir plusieurs signaux aux alentours de 100 °C.

Pour un même métal, des similarités dans le changement d'état sont observables quel que soit le nombre de carbones dans la chaîne aliphatique. Alors que pour un même carboxylate, le comportement thermique est complètement différent suivant le métal.

Hattiangdi et al. ont montré que les températures de fusion diminuent avec le nombre de carbones dans le carboxylate $C_x$, pour x allant de 7 à 10, avant de raugmenter pour x = 12 [Hattiangdi, 1949]. Il explique ceci par le fait que pour des valeurs de x < à 10, la stabilité du composé est apporté par le groupement COO du carboxylate. Plus la chaîne carboxylique est grande, plus la stabilité du composé est fragilisée. En revanche, pour x = 12, la stabilité du composé est apportée par l'arrangement des chaînes carbonées. Plus les chaînes sont longues, plus elles conféreront de la stabilité au composé.

Certains carboxylates passent par une phase appelée plastique ou gel qui rend difficile la détermination du point de fusion de manière visuelle. Dans ce cas, la fluidité et la transparence du composé ne sont pas des caractéristiques suffisantes pour la détermination du point de fusion. C'est le cas des carboxylates de cadmium. Le passage par un intermédiaire mésophasé (T = 100 °C) fausse la détermination du point de fusion du composé, fusion qui n'intervient en réalité qu'à T = 230 °C.

D'autres carboxylates comme les carboxylates de cuivre présentent des températures de fusion et de décomposition très proches ne permettant pas de déterminer la température de fusion de manière visuelle. Il semblerait que la température de fusion soit d'environ 250 °C juste avant la dégradation thermique du composé.

Le tableau XXVI rassemble les différents points de fusion trouvés dans la littérature pour des carboxylates aliphatiques linéaires.

| Composé | Intermédiaire | $T_{fusion}$ (°C) | Références |
|---|---|---|---|
| Pb(C7)2 | non | 101 | [Sola Akanni, 1997] |
| Pb(C8)2 | non | 108 | [Sola Akanni, 1997] |
| Pb(C9)2 | non | 111 | [Sola Akanni, 1997] |
| Pb(C10)2 | non | 112 | [Sola Akanni, 1997] |
| Cu(Cx)2 | liquide cristallin vers 110 °C, mésophase vers 200 °C | 250? | [Petricek, 1985] |
| Cd(Cx)2 | mésophase vers 100 °C | 230 | [Sola Akanni, 1997] |

Tableau XXVI : température de fusion et phase de transition de quelques carboxylates métalliques recensés dans la bibliographie

Il n'y a pas de températures de fusion pour les carboxylates de zinc, la littérature indique seulement que ces composés ne présentent pas de phases intermédiaires lors de la fusion.

b) Résultats expérimentaux :

Les points de fusion déterminés dans cette étude sont recensés dans le tableau XXVII. Lorsque deux phénomènes étaient visibles à deux températures différentes, les deux températures sont indiquées dans le tableau. Les carboxylates de plomb présentent des températures de fusion en accord avec la bibliographie. Les températures de décomposition supposées des carboxylates de cadmium et de cuivre sont également en accord avec les données bibliographiques recensées.

| | Cd | | Co | | Cu | Mn | Ni | Pb | Zn |
|---|---|---|---|---|---|---|---|---|---|
| | fusion | dégradat° | changem$^t$ couleur | fusion | (noircit) | (fusion) | (noircit) | (fusion) | (fusion) |
| C7 | n. o. | 248,3 | 97 | 183,7 | 282,6 | 76,2 | 230 | 99,3 | 140,8 |
| C8 | 112,9 | 249,5 | 94 | 140,1 | 274,3 | 76,3 | 230 | 105,9 | 137,7 |
| C9 | 98,2 | 260 | 88 | 150,3 | 264,7 | 98,2 | 220 | 111,8 | 137,3 |
| C10 | 103,2 | 227 | 82 | 146,3 | 253,1 | 93,1 | 220 | 115 | 133,7 |

Tableau XXVII : points de fusion des 28 carboxylates métalliques étudiés (n. o. : non observé)

La majorité des carboxylates métalliques voient leur température de fusion diminuer avec le nombre de carbone dans la chaîne aliphatique, hormis le plomb et le manganèse (figure 18).

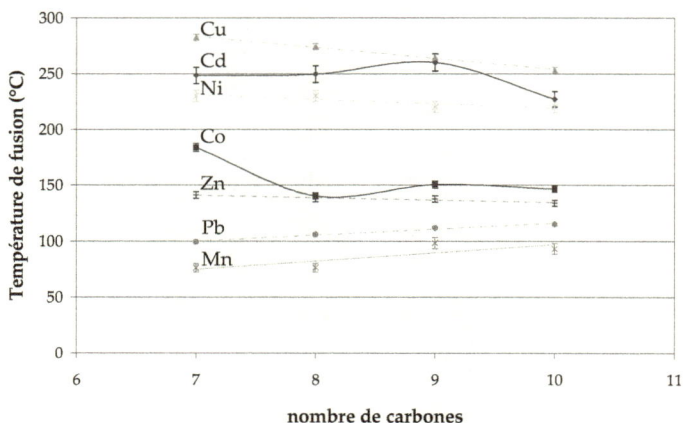

Figure 18 : température de fusion des carboxylates métalliques en fonction du nombre de carbones de la chaîne aliphatique

## 2. Analyse thermogravimétrique des carboxylates métalliques :

### a) Bibliographie :

L'analyse thermogravimétrique (ATG) consiste à suivre l'évolution de la masse du composé à étudier sous l'effet d'une montée en température. Souvent, cette technique est couplée à la DSC (Differential Scanning Calorimetry), qui permet de déterminer les changements d'état du composé.

Dans la bibliographie, les ATG sont réalisées sur des masses de composé de quelques dizaines de milligrammes dans des coupelles en aluminium ou en platine, la nature des coupelles n'influant pas sur le résultat final de la décomposition thermique. Les rampes de températures appliquées sont comprises entre 1,5 °C.min⁻

$^1$ et 30 °C.min$^{-1}$, la rampe de montée classique étant de 5 ou 10 °C.min$^{-1}$. Plusieurs atmosphères de travail sont référencées la plus utilisée étant l'azote. D'autres études ont également été réalisées sous air, hélium, argon ou hydrogène.

Les décompositions thermiques se font en plusieurs étapes (généralement entre 1 et 3) suivant le carboxylate considéré. Le nombre d'étapes dépend bien évidemment du métal mis en jeu dans le carboxylate métallique mais aussi du nombre de carbones de la molécule organique utilisée. Ainsi le dodécanoate et le tétradecanoate de plomb se décomposent en deux étapes, alors que l'octadécanoate de plomb se décompose en une seule étape [Ellis, 1981]. De même, le dodécanoate de zinc se décompose en 3 étapes, contre 2 pour le dodécanoate de nickel, de plomb ou de cuivre [Sedon, 1986].

Les thermogrammes obtenus présentent une dernière étape de décomposition très lente, rendant difficile le choix de la température de prise de renseignements. En général, les pertes en masses finales sont relevées lorsque la courbe est constante, après la dernière étape lente et avant que la masse ne remonte comme dans certains cas. Quoi qu'il en soit le dernier saut n'est pas considéré comme une étape de décomposition ou de changement dans le solide. La prise de masse constatée dans certains cas pour des températures supérieures à 320 °C est souvent due à l'oxydation de traces dans l'air résiduel du four.

Dans tous les carboxylates recensés dans la bibliographie et analogues à ceux de notre étude, les produits finaux sont majoritairement les oxydes correspondant aux métaux pour les décompositions réalisées sous air. Il peut s'agir également d'un mélange d'oxyde ou un mélange oxyde/métal comme dans le cas du cuivre ou nickel. L'ensemble des résultats recensés dans la bibliographie est présenté dans le tableau XXVIII. Les ATG ont toutes été réalisées sous air.

| Carboxylates | nombre d'étapes | T° (°C) | produit final | Référence |
|---|---|---|---|---|
| Pb(C$_{12}$)$_2$ | 2 | 1$^{ère}$ étape à 410 °C | PbO | [Ellis, 1981] |
| Pb(C$_{14}$)$_2$ | 2 | 1$^{ère}$ étape à 456 °C | PbO | [Ellis, 1981] |
| Pb(C$_{18}$)$_2$ | 1 | 690 | PbO | [Ellis, 1981] |
| Cu(C$_{12}$)$_2$ | 2 | 277 - 774 | mélange oxyde/métal | [Sedon, 1986] |
| Ni(C$_2$)$_2$.4H$_2$O | 3 | 120 – 350 – 500 | oxyde | [De Jesus, 2005] |
| Ni(C$_{12}$)$_2$ | 2 | 107 - 510 | NiO / Ni° | [Sedon, 1986] |
| Zn(C$_{12}$)$_2$ | 3 | 341 - 442 - 722 | ZnO | [Sedon, 1986] |

Tableau XXVIII : comportement thermique de quelques carboxylates métalliques recensés dans la littérature

Les données publiées sont rarement complètes, les thermogrammes ne sont notamment quasiment jamais présentés rendant difficile la comparaison entre résultats expérimentaux et bibliographiques.

D'autres études ont été réalisées sur des dicarboxylates métalliques : une ATG sous atmosphère non contrôlée réalisée sur du malonate de cobalt (un di carboxylate) montre que le produit final à une température de 310 °C est de l'oxyde de cobalt sous sa forme Co$_3$O$_4$. Après une étape de déshydratation, la décomposition en oxyde se fait en une seule étape [Mohamed, 2000].

b) Résultats expérimentaux :

Comme pour l'analyse chimique et les diffractogrammes, les résultats obtenus pour chaque composé sont présentés par cation métallique. Pour chaque métal, une ATG a été réalisée sur l'ensemble des carboxylates. Les décanoates ont, quant à eux, été également étudiés par ATD.

Dans chaque cas, le produit final et la température de décomposition ont été déterminés. Le produit final est déduit de la perte en masse globale du composé. Lorsqu'un doute subsistait, des analyses par diffraction des rayons X ont été réalisées. Toujours à partir des pertes en masse, la détermination de certains produits de décomposition intermédiaires a été réalisée. Il est apparu que deux produits intermédiaires étaient envisageables : un carboxylate de plus courte chaîne ou un carbonate. Les possibilités d'obtenir un carboxylate de plus courte chaîne sont nombreuses. La détermination du passage par un intermédiaire carbonaté a donc été préférentiellement envisagée. En effet, pour certains métaux il est plus facile de les valoriser sous leur forme carbonate que sous leur forme oxyde. Pour les décanoates, les études ATD ont notamment permis de confirmer les températures de fusion et le caractère anhydre ou non des solides.

◆ Comportement thermique des carboxylates de zinc :

Les pertes en masse finales des quatre carboxylates ont été déterminées à partir des thermogrammes présentés sur la figure 19, et sont comparées aux pertes en masse théoriques calculées pour l'oxyde ZnO (tableau XXIX).

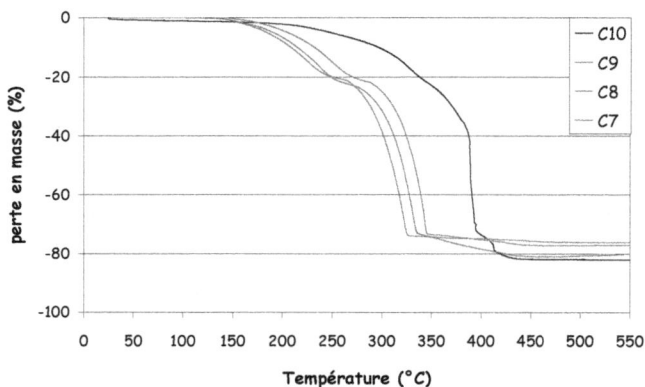

Figure 19 : thermogrammes des carboxylates de zinc du type $Zn(C_x)_2$ pour x = 7, 8, 9 et 10

Les quatre thermogrammes présentent des allures similaires, bien qu'il y ait un décalage en température pour le décanoate lors de la décomposition. Cette différence de température est atténuée en fin de décomposition : le décanoate présente une dernière étape rapide alors que les trois autres carboxylates présentant une dernière étape très lente. La décomposition des quatre carboxylates se fait en trois étapes, le composé passe donc par deux intermédiaires. Seul un intermédiaire a été identifié. Le décanoate de zinc se décompose en carbonate de zinc $ZnCO_3$ à une température de 395 °C. Le passage par un intermédiaire carbonaté n'est pas évident pour les trois autres carboxylates, du fait de la dernière étape de décomposition qui est lente.

| Produit de départ | Perte en masse théorique (%) | Perte en masse exp. (%) | Produit final | $T_{finale}$ de décomposition | Couleur |
|---|---|---|---|---|---|
| $Zn(C_7)_2$ | ZnO = 74,86 | 75,93 | ZnO | 465 °C | blanc |
| $Zn(C_8)_2$ | ZnO = 76,87 | 77,01 | ZnO | 450 °C | blanc |
| $Zn(C_9)_2$ | ZnO = 78,57 | 80,81 | ZnO | 445 °C | blanc |
| $Zn(C_{10})_2$ | ZnO = 80,95 | 80,77 | ZnO | 440 °C | blanc |

Tableau XXIX : détermination des produits finaux de décomposition des carboxylates de zinc à partir des pertes en masses observées en ATG

Les produits finaux observés dans les quatre cas sont des solides blancs. Les pertes en masse expérimentales correspondent à la formation de l'oxyde de zinc ZnO qui est un oxyde blanc.

La courbe ATD du décanoate de zinc (figure 20) présente deux pics endothermiques à une température légèrement supérieure à 100 °C. Si le premier pic (123 °C), de faible intensité, pourrait correspondre à un changement de phase, le pic plus important observé à 136 °C correspond à la fusion du solide. L'analyse ATD confirme ainsi la température de fusion déterminée visuellement.

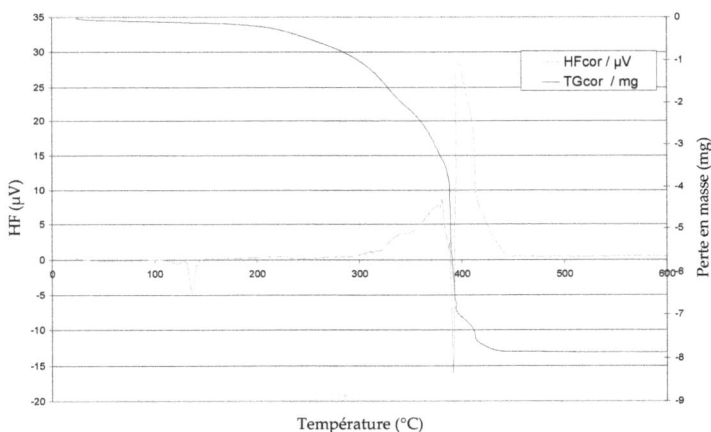

Figure 20 : étude ATD et ATG du décanoate de zinc

♦ Comportement thermique des carboxylates de plomb :

Contrairement au zinc, le plomb peut former 3 oxydes différents : PbO, $PbO_2$ et $Pb_3O_4$. La bibliographie a montré que les carboxylates de plomb se décomposaient en oxyde PbO [Ellis, 1981]. Cet oxyde est soit jaune, soit rouge suivant le groupe d'espace dans lequel il cristallise. Les solides obtenus après ATG sont de couleur jaune. L'observation visuelle des solides tendrait à montrer que l'oxyde formé est de la forme PbO.

Les thermogrammes (figure 21) présentent des décompositions en trois étapes pour le nonanoate et le décanoate et quatre étapes pour les deux autres.

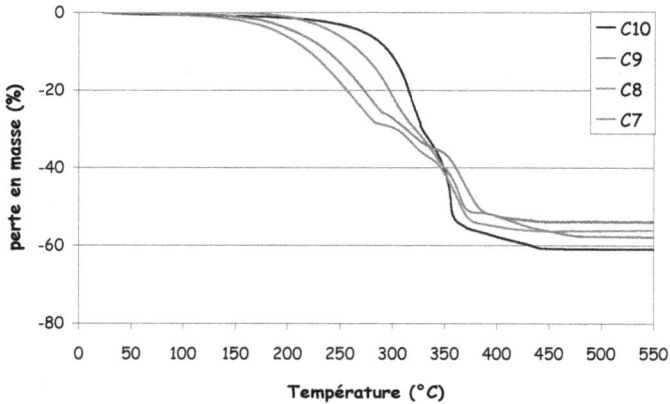

Figure 21 : thermogrammes des carboxylates de plomb du type $Pb(C_x)_2$ pour x = 7, 8, 9 et 10

Les pertes en masse expérimentales sont déterminées à partir de ces thermogrammes.

| Produit de départ | Perte en masse théorique (%) | Perte en masse exp. (%) | Produit final | $T_{finale}$ de décomposition | Couleur |
|---|---|---|---|---|---|
| $Pb(C_7)_2$ | PbO = 52,06 | 53,99 | PbO | 450 °C | jaune |
| $Pb(C_8)_2$ | PbO = 54,78 | 56,31 | PbO | 450 °C | jaune |
| $Pb(C_9)_2$ | PbO = 57,69 | 57,69 | PbO | 480 °C | jaune |
| $Pb(C_{10})_2$ | PbO = 59,39 | 61,18 | PbO | 435 °C | jaune |

Tableau XXX : détermination des produits finaux de décomposition des carboxylates de plomb à partir des pertes en masses observées en ATG

Les pertes en masse expérimentales sont en bon accord avec les pertes en masse théoriques calculées pour PbO (tableau XXX). Elles confirment l'hypothèse formée après observation visuelle de la couleur des solides. La décomposition thermique des quatre carboxylates de plomb conduit à l'obtention de l'oxyde PbO.

Contrairement aux carboxylates de zinc, les pertes en masse sont bien définies et ont permis de déterminer le dernier intermédiaire formé avant l'obtention de l'oxyde. Comme pour le décanoate de zinc, les quatre carboxylates de plomb passent par un intermédiaire carbonate (tableau XXXI).

|    |            | Nombre d'étapes | Intermédiaires identifiés | Température correspondante |
|----|------------|-----------------|---------------------------|----------------------------|
| Pb | heptanoate | 3 | $PbCO_3$ | 399 °C |
|    | octanoate  | 3 | $PbCO_3$ | 380 °C |
|    | nonanoate  | 3 | $PbCO_3$ | 381 °C |
|    | décanoate  | 3 | $PbCO_3$ | 362 °C |

**Tableau XXXI : produits intermédiaires identifiés lors de la décomposition thermique des carboxylates de plomb**

L'analyse complète du décanoate de plomb est présentée figure 22.

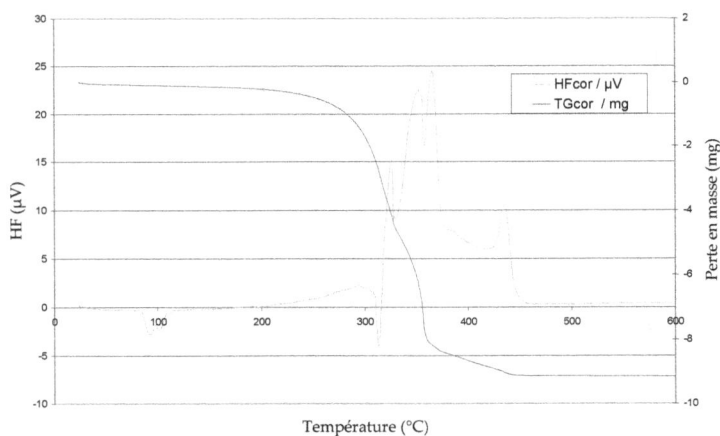

**Figure 22 : étude ATD – TG du décanoate de plomb**

Trois pics endothermiques sont observables en début de décomposition. Le troisième pic de très faible intensité est observé à une température de 115 °C et pourrait correspondre à la fusion du solide, la température de fusion déterminée visuellement étant de 111 °C.

• Comportement thermique des carboxylates de cuivre :

Contrairement aux deux groupes de carboxylates vus précédemment, les carboxylates de cuivre présentent des pertes en masse plus marquées en deux ou trois étapes. Les composés se dégradent en 100 °C environ (figure 23). Le cuivre est un métal qui peut se trouver sous la forme de deux oxydes. La bibliographie a montré que le produit de décomposition final pouvait être un mélange d'oxydes ou un mélange oxyde/métal. C'est pourquoi une étude radiocristallographique a été réalisée sur les produits finaux pour confirmer les hypothèses faites à partir des pertes en masses.

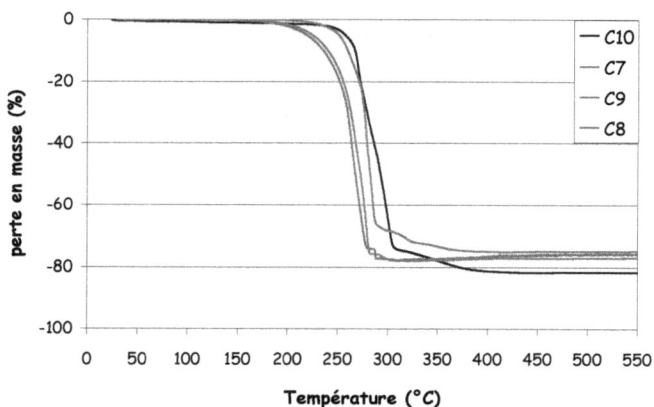

Figure 23 : thermogrammes des carboxylates de cuivre du type $Cu(C_x)_2$ pour x = 7, 8, 9 et 10

| Produit de départ | Perte en masse théorique (%) | Perte en masse exp. (%) | Produit final | $T_{finale}$ de décomposition | Couleur |
|---|---|---|---|---|---|
| $Cu(C_7)_2$ | Cu = 80,26<br>CuO = 75,29<br>$Cu_2O$ = 77,77 | 75 | CuO? | 400 °C | noir |
| $Cu(C_8)_2$ | Cu = 81,84<br>CuO = 77,27<br>$Cu_2O$ = 79,55 | 77,66 | CuO? | 310 °C | noir |
| $Cu(C_9)_2$ | Cu = 83,18<br>CuO = 78,96<br>$Cu_2O$ = 76,84 | 77,67 | CuO? | 310 °C | noir |
| $Cu(C_{10})_2$ | Cu = 84,35<br>CuO = 80,41<br>$Cu_2O$ = 82,38 | 81,59 | CuO? | 430 °C | noir |

Tableau XXXII : détermination des produits finaux de décomposition des carboxylates de cuivre à partir des pertes en masses observées en ATG

Les diffractogrammes obtenus sur les produits finaux de décomposition sont tous identiques. On peut voir que bien que les pertes en masse calculées correspondent plus ou moins à l'oxyde CuO, il y a également présence d'oxyde $Cu_2O$ et du cuivre métal dans le solide (figure 24).

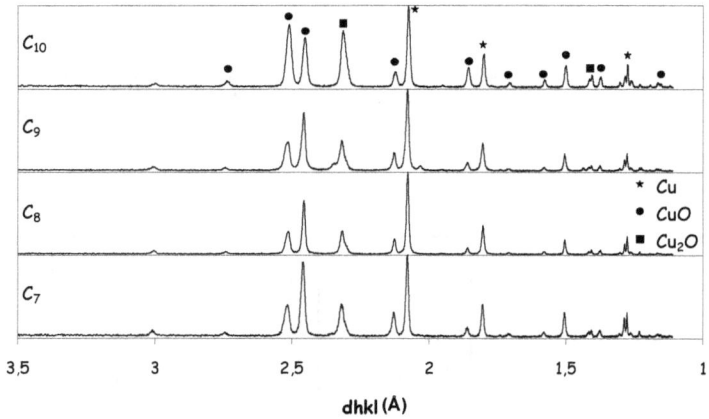

**Figure 24 : diffractogrammes des produits finaux de décomposition des carboxylates de cuivre**

Les décompositions thermiques sont rapides et ne permettent pas de déterminer si les composés passent par un intermédiaire.

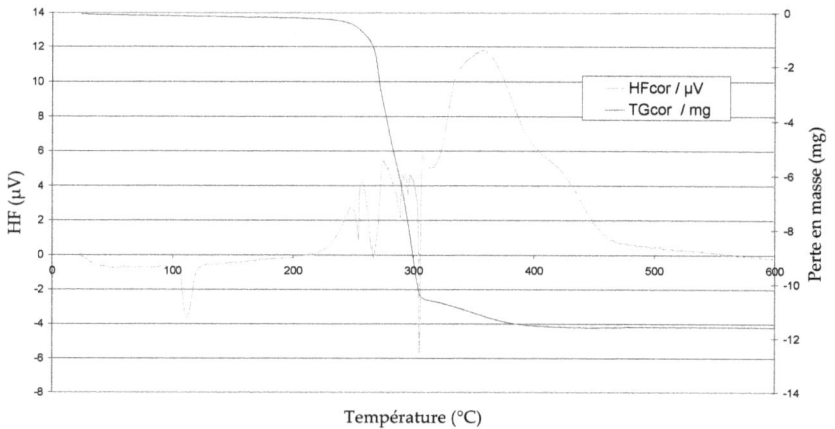

**Figure 25 : étude ATG – TD du décanoate de cuivre**

L'analyse complète du décanoate de cuivre (ATG – TD) est présentée figure 25. Il n'a pas été possible de déterminer la température de fusion des carboxylates de cuivre car la fusion et la décomposition apparaissent à des températures très proches. Toutefois, sur la figure 25, un pic endothermique apparaît à 113 °C. Ce pic pourrait correspondre à l'apparition d'une mésophase comme citée dans la bibliographie.

◆ Comportement thermique des carboxylates de cadmium :

Les carboxylates de cadmium se décomposent en un produit brun en deux étapes (figure 26). L'oxyde de cadmium CdO peut être de couleur marron ou jaune suivant qu'il est cristallisé ou non [Pascal, 1960]. Dans notre cas le produit de décomposition serait donc de l'oxyde de cadmium CdO cristallisé.

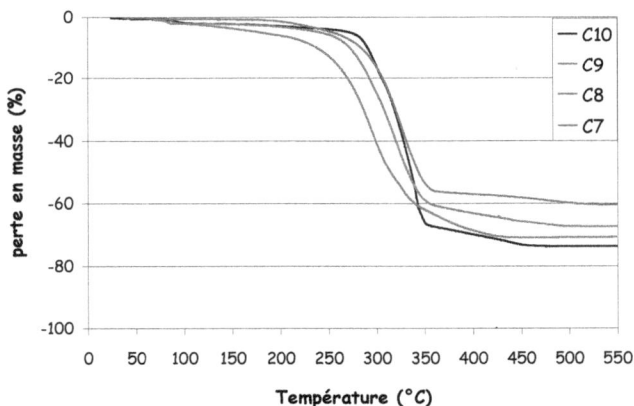

Figure 26 : thermogrammes des carboxylates de cadmium du type $Cd(C_x)_2$ pour x = 7, 8, 9 et 10

Sur les thermogrammes, on peut voir une perte en masse aux alentours de 100 °C. L'analyse chimique des solides a montré que les composés étaient anhydres. Cette perte en masse correspond bien à la perte d'eau d'hydratation conséquence d'un séchage incomplet.

| Produit de départ | Perte en masse théorique (%) | Perte en masse exp. (%) | Produit final | Tfinale de décomposition | Couleur |
|---|---|---|---|---|---|
| Cd(C$_7$)$_2$ | CdO = 65,37 | 60,51 | ? | 535 °C | brun |
| Cd(C$_8$)$_2$ | CdO = 67,80 | 67,29 | CdO | 510 °C | brun |
| Cd(C$_9$)$_2$ | CdO = 69,92 | 70,77 | CdO | 440 °C | brun |
| Cd(C$_{10}$)$_2$ | CdO = 71,77 | 73,56 | CdO? | 465 °C | brun |

**Tableau XXXIII : détermination des produits finaux de décomposition des carboxylates de cadmium à partir des pertes en masses observées en ATG**

Les pertes en masse expérimentales (tableau XXXIII) corroborent cette hypothèse hormis pour l'heptanoate. Sur ce composé, une analyse en diffraction a été réalisée (figure 27). Elle confirme sans aucune ambigüité l'obtention d'oxyde CdO.

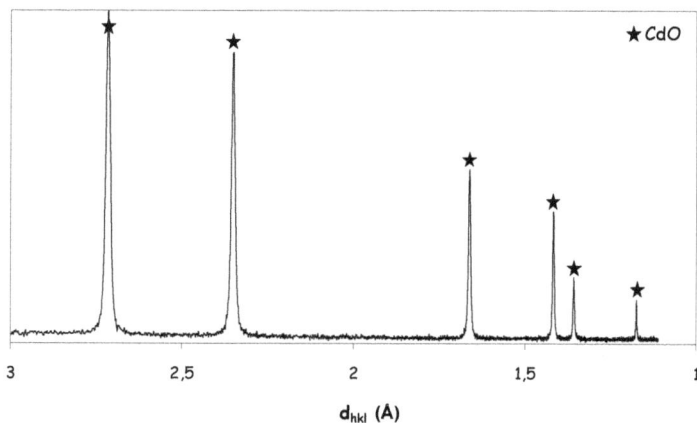

**Figure 27 : diffractogramme du produit final de décomposition de l'heptanoate de cadmium**

Comme pour les carboxylates de plomb, un produit de décomposition a pu être identifié à partir des pertes en masse observées sur la figure 26. Les quatre carboxylates passent par un intermédiaire CdCO$_3$ à des températures de 358, 351, 344 et 352 °C pour Cd(C$_7$)$_2$, Cd(C$_8$)$_2$, Cd(C$_9$)$_2$ et Cd(C$_{10}$)$_2$, respectivement.

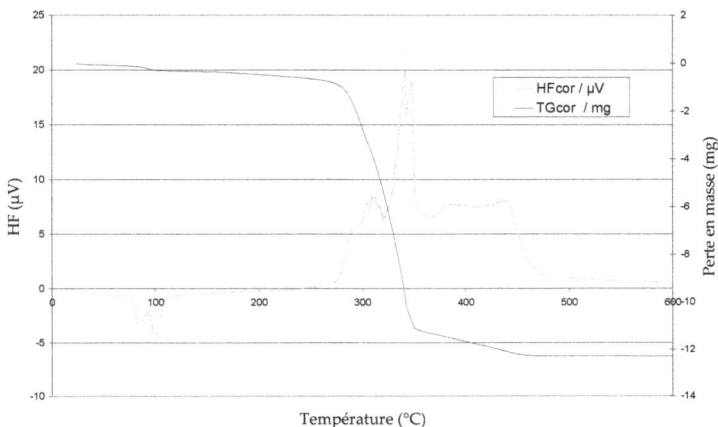

**Figure 28 : analyse ATD – TG du décanoate de cadmium**

Les thermogrammes de l'analyse ATG – TD du décanoate de cadmium sont présentés sur la figure 28. Deux pics sont visibles aux alentours de 100 °C. Le premier pic endothermique à 85 °C peut correspondre à la perte d'eau et le second pic à 100 °C correspondrait à la fusion de $Cd(C_{10})_2$ qui a été visualisée à 103 °C.

◆ Comportement thermique des carboxylates de cobalt :

Les carboxylates de cobalt sont les seuls composés à présenter un changement de couleur suivant le mode de séchage appliqué aux solides. Ce sont également les seuls carboxylates métalliques étudiés qui possèdent deux molécules d'eau de structure. Pour chaque carboxylate, la perte en masse observée avant 100 °C est importante et correspond à la déshydratation de la molécule (figure 29). Les signaux observés sont complexes avec de multiples transitions intermédiaires avant l'obtention du produit final.

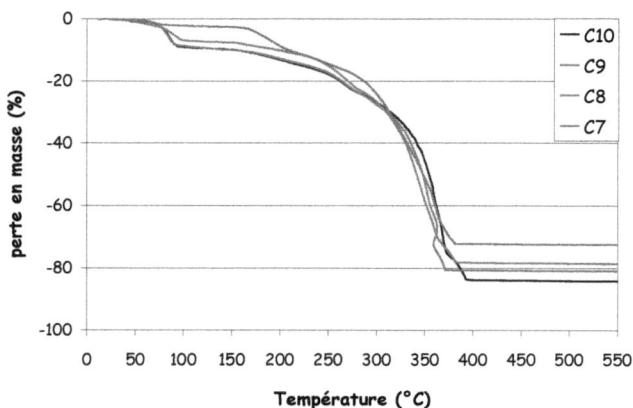

**Figure 29 : thermogrammes des carboxylates de cadmium du type Co(C$_x$)$_2$ pour x = 7, 8, 9 et 10**

Il existe trois oxydes de cobalt qui peuvent être tous trois des produits finaux de décomposition potentiels : CoO, Co$_2$O$_3$ et Co$_3$O$_4$. La bibliographie a montré que les dicarboxylates de cobalt se décomposaient en spinelle Co$_3$O$_4$ [Mohamed, 2000].

| Produit de départ | Perte en masse théorique (%) | Perte en masse exp. (%) | Produit final | T$_{finale}$ de décomposition | Couleur |
|---|---|---|---|---|---|
| Co(C$_7$)$_2$.2H$_2$O | CoO = 78,79<br>Co$_2$O$_3$ = 76,53<br>Co$_3$O$_4$ = 77,28 | 72,66 | ? | 380 °C | gris |
| Co(C$_8$)$_2$.2H$_2$O | CoO = 80,35<br>Co$_2$O$_3$ = 78,25<br>Co$_3$O$_4$ = 78,95 | 78,27 | Co$_3$O$_4$ | 385 °C | gris |
| Co(C$_9$)$_2$.2H$_2$O | CoO = 81,51<br>Co$_2$O$_3$ = 79,74<br>Co$_3$O$_4$ = 80,20 | 80,7 | Co$_3$O$_4$ | 410 °C | gris |
| Co(C$_{10}$)$_2$.2H$_2$O | CoO = 82,87<br>Co$_2$O$_3$ = 81,04<br>Co$_3$O$_4$ = 81,65 | 83,8 | Co$_3$O$_4$ | 395 °C | gris |

**Tableau XXXIV : détermination des produits finaux de décomposition des carboxylates de cobalt à partir des pertes en masses observées en ATG**

Les pertes en masse théoriques suivant l'oxyde considéré sont très proches les unes des autres. Les pertes en masse expérimentales (tableau XXXIV) sont proches des valeurs théoriques mais pourraient tout aussi bien correspondre aux trois oxydes. C'est pourquoi une analyse radiocristallographique systématique des produits finaux obtenus a été réalisée.

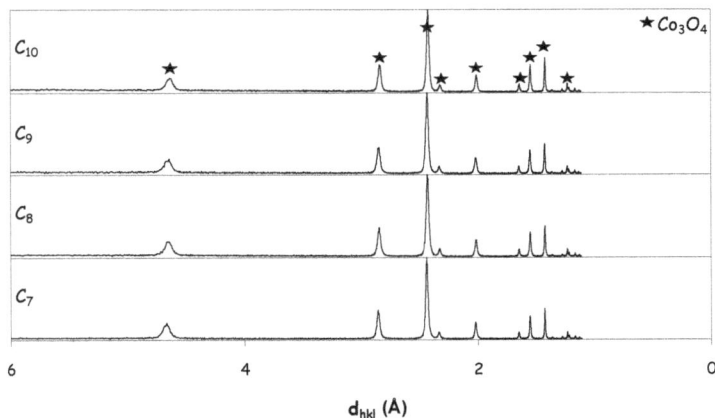

Figure 30 : diffractogramme des produits de décomposition finaux des carboxylates de cobalt

Les diffractogrammes des quatre produits finaux sont présentés sur la figure 30. Ils sont identiques et correspondent à l'oxyde de cobalt du type $Co_3O_4$ quel que soit le carboxylate qui entre en jeu. Un produit de décomposition intermédiaire a pu être identifié pour chaque carboxylate de cobalt. Comme pour les autres métaux, il s'agit du carbonate de cobalt $CoCO_3$ qui apparait à des températures de 370, 365, 355 et 375 °C pour les chaînes carbonées allant du $C_7$ au $C_{10}$.

L'analyse ATD – TG du décanoate de cobalt ne permet pas de retrouver la température de fusion observée visuellement de ce dernier (figure 31). Toutefois, un pic endothermique apparait à 87 °C. La température de fusion du décanoate de cobalt a été estimée à 146 °C, la température de changement de couleur était d'environ 82 °C. Le pic endothermique correspondrait donc à la perte des deux molécules d'eau du composé $Co(C_{10})_2.2H_2O$ entraînant le passage du décanoate du rose au violet.

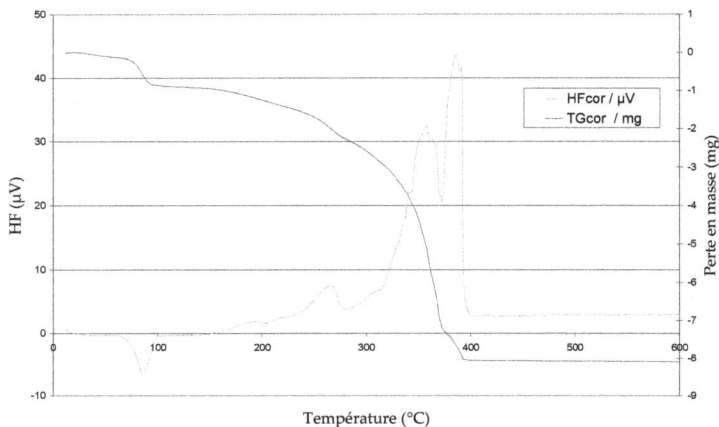

**Figure 31 : analyse complète ATG – TD du décanoate de cobalt**

◆ Comportement thermique des carboxylates de nickel :

Les thermogrammes présentent des pertes en masse étalées en température pour les quatre carboxylates étudiés. Les différentes étapes de transition diffèrent d'un carboxylate à l'autre. Ainsi l'heptanoate de nickel se décompose rapidement avant une dernière étape très lente. Inversement le décanoate présente des premières étapes lentes et une dernière étape de décomposition rapide. Sur les thermogrammes (figure 32), une légère perte en masse est visible aux alentours de 100 °C et provient de la perte d'eau due au mauvais séchage. Les pertes en masse finales apparaissent à des températures élevées par rapport à ce qui est annoncé dans la bibliographie.

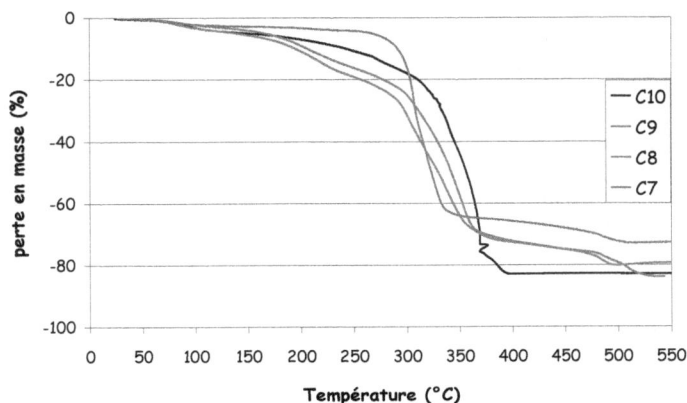

**Figure 32 : thermogrammes des carboxylates de nickel du type Ni(C$_x$)$_2$ pour x = 7, 8, 9 et 10**

Les solides obtenus après dégradation sont de couleur noire. Trois oxydes peuvent être envisagés : NiO, Ni$_2$O$_3$ et Ni$_3$O$_4$.

Les pertes en masse expérimentales sont en bon accord avec les pertes en masses théoriques de NiO hormis pour l'heptanoate (tableau XXXV). La fluorescence du solide empêche de déterminer précisément quel est le produit final de décomposition par DRX, mais il a toujours été constaté que les quatre produits de décomposition étaient identiques quel que soit le carboxylate étudié. Il est donc fort probable que ce solide soit également de l'oxyde NiO. Comme pour certains carboxylates étudiés, la décomposition passe par un dernier intermédiaire du type NiCO$_3$ pour des températures allant de 360 à 380 °C.

| Produit de départ | Perte en masse théorique (%) | Perte en masse exp. (%) | Produit final | $T_{finale}$ de décomposition | Couleur |
|---|---|---|---|---|---|
| $Ni(C_7)_2$ | $NiO = 77,10$ $Ni_2O_3 = 73,92$ $Ni_3O_4 = 74,76$ | 72,99 | NiO | 510 °C | noir |
| $Ni(C_8)_2$ | $NiO = 78,91$ $Ni_2O_3 = 76,03$ $Ni_3O_4 = 76,81$ | 80,15 | NiO | 495 °C | noir |
| $Ni(C_9)_2$ | $NiO = 80,45$ $Ni_2O_3 = 77,84$ $Ni_3O_4 = 78,56$ | 81,05 | NiO | 540 °C | noir |
| $Ni(C_{10})_2$ | $NiO = 81,79$ $Ni_2O_3 = 79,39$ $Ni_3O_4 = 80,05$ | 82,94 | NiO | 400 °C | noir |

Tableau XXXV : détermination des produits finaux de décomposition des carboxylates de nickel à partir des pertes en masses observées en ATG

L'analyse ATG – TD du décanoate de nickel (figure 33) montre un seul pic endothermique qui correspond à l'élimination de l'eau résiduelle au séchage. Aucun autre pic endothermique n'est visible, il n'y a donc pas de fusion du solide avant sa décomposition.

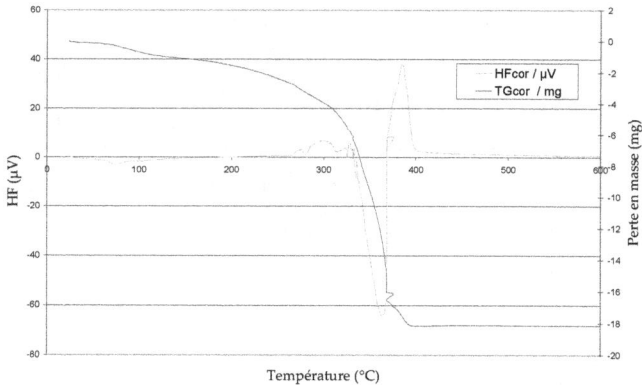

Figure 33 : analyse complète ATG – TD du décanoate de nickel

◆ Comportement thermique des carboxylates de manganèse :

Comme pour les carboxylates de nickel, les thermogrammes des carboxylates de manganèse présentent des pertes en masse pour des températures inférieures à 100 °C. L'analyse chimique des solides a montré que ces derniers étaient des composés anhydres. La perte en masse visible sur la figure 34 est due au mauvais séchage des solides.

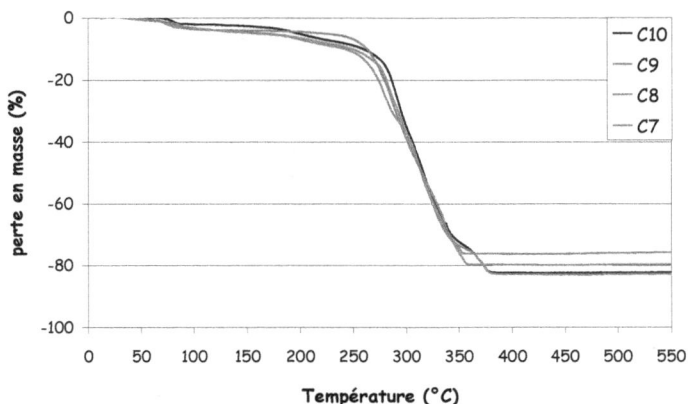

Figure 34 : thermogrammes des carboxylates de manganèse du type $Mn(C_x)_2$ pour x = 7, 8, 9et 10

Les quatre thermogrammes présentent des allures très similaires hormis pour la dernière étape de décomposition où les pertes en masse diffèrent avec le poids des carboxylates. Les quatre courbes sont quasiment superposées.

Comme pour le cuivre, les pertes en masse expérimentales ne permettent pas de déterminer le produit final de décomposition qui semble être un mélange d'oxydes (tableau XXXVI). Le manganèse est également un métal qui fluoresce. Il n'a donc pas été possible de déterminer le produit de décomposition finale par diffraction.

| Produit de départ | Perte en masse théorique (%) | Perte en masse exp. (%) | Produit final | $T_{finale}$ de décomposition | Couleur |
|---|---|---|---|---|---|
| $Mn(C_7)_2$ | $MnO_2 = 73,03$ $Mn_2O_3 = 75,51$ $Mn_3O_4 = 75,66$ | 75,97 | mélange | 350 °C | gris |
| $Mn(C_8)_2$ | $MnO_2 = 75,18$ $Mn_2O_3 = 77,47$ $Mn_3O_4 = 77,66$ | 79,88 | mélange | 355 °C | gris |
| $Mn(C_9)_2$ | $MnO_2 = 77,02$ $Mn_2O_3 = 79,14$ $Mn_3O_4 = 79,35$ | 83,22 | mélange | 400 °C | gris |
| $Mn(C_{10})_2$ | $MnO_2 = 78,61$ $Mn_2O_3 = 80,58$ $Mn_3O_4 = 80,81$ | 82,7 | mélange | 380 °C | gris |

**Tableau XXXVI : détermination des produits finaux de décomposition des carboxylates de manganèse à partir des pertes en masses observées en ATG**

Les solides ont été lixiviés par de l'acide chlorhydrique à chaud. Cette étape permet de solubiliser la totalité de l'oxyde en réduisant les espèces de degré supérieur à un degré d'oxydation +II. Les solutions obtenues sont dosées par S.A.A. Les résultats sont présentés dans le tableau XXXVII.

| % massique Mn | | % massique théorique de manganèse dans les oxydes | |
|---|---|---|---|
| $C_7$ | 76,03 | $MnO_2$ | 69,6 |
| $C_8$ | 72,87 | $Mn_2O_3$ | 63,2 |
| $C_9$ | 71,83 | $Mn_3O_4$ | 72 |
| $C_{10}$ | 73,16 | | |

**Tableau XXXVII : analyse chimique des produits de décomposition des carboxylates de manganèse**

L'analyse chimique des composés, comparée aux pourcentages massiques théoriques en manganèse dans les différents oxydes, montre que le produit de décomposition final n'est pas un mélange d'oxydes mais de l'oxyde de manganèse $Mn_3O_4$.

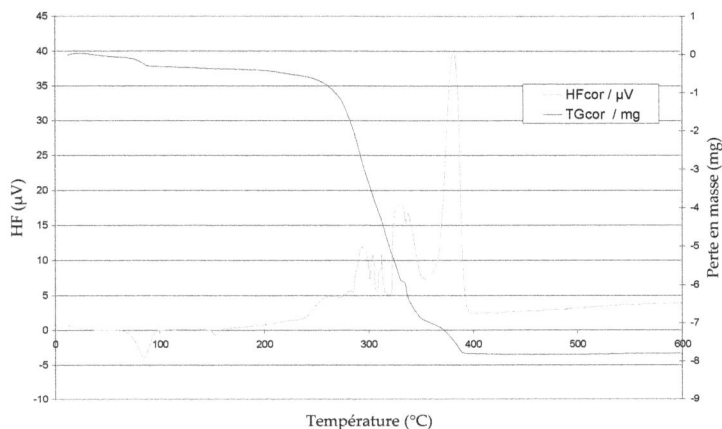

**Figure 35 : analyse ATG – TD du décanoate de manganèse**

L'analyse complète du décanoate de manganèse ne permet pas de retrouver la température de fusion déterminée par observation visuelle. 2 pics endothermiques apparaissent à 87 et 153 °C, or la température de fusion observée est de 93 °C. Le premier pic peut correspondre à la fois à la perte en eau due à un mauvais séchage et à la fusion du solide (figure 35).

### 3. Conclusion :

Le comportement thermique des 28 carboxylates métalliques synthétisés a été étudié. Pour chaque solide, la température de fusion et la température finale de décomposition ont été déterminées, de même que les produits finaux de décomposition. Lorsque cela était possible, des produits intermédiaires de décomposition ont été identifiés.

Pour chaque métal, la décomposition des quatre carboxylates donne le même produit final. Il s'agit d'oxyde simple du type MO pour le cadmium, le nickel, le plomb et le zinc, d'oxyde spinelle du type $M_3O_4$ pour le cobalt et le manganèse et d'un mélange $Cu_2O/CuO/Cu$ pour le cuivre. Les thermogrammes ont également confirmés que seuls les carboxylates de cobalt étaient di hydratés.

Dans la majorité des cas, les thermogrammes ont permis de retrouver les températures de fusion pour les décanoates (seul carboxylate pour lequel des ATD ont été réalisées). Ils ont également permis de déterminer que lors de leur décomposition la majorité des solides étudiés passait par un intermédiaire $MCO_3$. Le tableau XXXVIII récapitule tous les résultats.

| | $T_{fusion}$ (°C) | Intermédiaire | | Produit Final | $T_{décomposition}$ (°C) |
|---|---|---|---|---|---|
| $Cd(C_7)_2$ | - | $CdCO_3$ | 358 °C | CdO | 535 °C |
| $Cd(C_8)_2$ | 113 | $CdCO_3$ | 351 °C | CdO | 510 °C |
| $Cd(C_9)_2$ | 98 | $CdCO_3$ | 344 °C | CdO | 440 °C |
| $Cd(C_{10})_2$ | 103 | $CdCO_3$ | 352 °C | CdO | 465 °C |
| $Co(C_7)_2.2H_2O$ | 184 | $CoCO_3$ | 370 °C | $Co_3O_4$ | 380 °C |
| $Co(C_8)_2.2H2O$ | 140 | $CoCO_3$ | 365 °C | $Co_3O_4$ | 385 °C |
| $Co(C_9)_2.2H2O$ | 150 | $CoCO_3$ | 355 °C | $Co_3O_4$ | 410 °C |
| $Co(C_{10})_2.2H2O$ | 146 | $CoCO_3$ | 375 °C | $Co_3O_4$ | 395 °C |
| $Cu(C_7)_2$ | 283 | - | | $Cu/CuO/Cu_2O$ | 400 °C |
| $Cu(C_8)_2$ | 274 | - | | $Cu/CuO/Cu_2O$ | 310 °C |
| $Cu(C_9)_2$ | 265 | - | | $Cu/CuO/Cu_2O$ | 310 °C |
| $Cu(C_{10})_2$ | 253 | - | | $Cu/CuO/Cu_2O$ | 430 °C |
| $Mn(C_7)_2$ | 76 | - | | $Mn_3O_4$ | 350 °C |
| $Mn(C_8)_2$ | 76 | - | | $Mn_3O_4$ | 355 °C |
| $Mn(C_9)_2$ | 98 | - | | $Mn_3O_4$ | 400 °C |
| $Mn(C_{10})_2$ | 93 | - | | $Mn_3O_4$ | 380 °C |
| $Ni(C_7)_2$ | 230 | $NiCO_3$ | 360 – 380 °C | NiO | 510 °C |
| $Ni(C_8)_2$ | 230 | $NiCO_3$ | 360 – 380 °C | NiO | 495 °C |
| $Ni(C_9)_2$ | 220 | $NiCO_3$ | 360 – 380 °C | NiO | 540 °C |
| $Ni(C_{10})_2$ | 200 | $NiCO_3$ | 360 – 380 °C | NiO | 400 °C |
| $Pb(C_7)_2$ | 99 | $PbCO_3$ | 399 °C | PbO | 450 °C |
| $Pb(C_8)_2$ | 106 | $PbCO_3$ | 380 °C | PbO | 450 °C |
| $Pb(C_9)_2$ | 112 | $PbCO_3$ | 381 °C | PbO | 480 °C |
| $Pb(C_{10})_2$ | 115 | $PbCO_3$ | 362 °C | PbO | 435 °C |
| $Zn(C_7)_2$ | 141 | - | | ZnO | 465 °C |
| $Zn(C_8)_2$ | 138 | - | | ZnO | 450 °C |
| $Zn(C_9)_2$ | 137 | - | | ZnO | 445 °C |
| $Zn(C_{10})_2$ | 134 | $ZnCO_3$ | 395 °C | ZnO | 440 °C |

Tableau XXXVIII : comportement thermique des 28 carboxylates métalliques synthétisés et identifiés

# E. Conclusion générale :

Les carboxylates sont des composés organiques déjà utilisés dans de nombreux secteurs industriels en tant que tensioactifs, liants pour revêtement de surface, additifs dans les matières plastiques, etc. Une nouvelle application potentielle serait de les utiliser en tant que réactifs de précipitation sélective des cations métalliques pour des applications environnementales ou liées à divers procédés hydrométallurgiques. Si les carboxylates sont déjà régulièrement utilisés dans divers domaines, il n'en demeure pas moins que peu de données thermodynamiques étaient disponibles pour ces composés, notamment lorsqu'ils sont liés à un métal. Afin de pouvoir utiliser les carboxylates de sodium pour la précipitation sélective des métaux, la détermination de certaines données thermodynamiques était donc nécessaire. De ce fait, 28 carboxylates métalliques, mettant en jeu 7 métaux et 4 carboxylates, ont été synthétisés et caractérisés. Les sept métaux étudiés sont le cadmium, le cobalt, le cuivre, le manganèse, le nickel, le plomb et le zinc et les quatre carboxylates sont l'heptanoate, l'octanoate, le nonanoate et le décanoate de sodium.

Après synthèse des carboxylates métalliques, une analyse chimique et une analyse radiocristallographique ont été réalisées. Les différentes analyses menées ont montré que les solides formés étaient bien des carboxylates métalliques divalents de la forme $M(C_x)_2$. Il est apparu que tous les carboxylates formés étaient anhydres hormis les composés du cobalt qui sont di hydratés. Seuls les diffractogrammes des carboxylates de nickel ne sont pas disponibles. Ils sont peu définis du fait de la fluorescence du métal. Lorsque cela était possible, une comparaison avec les données bibliographiques a été réalisée et a montré que nos résultats étaient en accord avec la bibliographie.

Les composés synthétisés étant bien des carboxylates métalliques, la détermination de leur solubilité a été réalisée. Cette donnée doit permettre de prédire la faisabilité d'une séparation de deux cations métalliques en solution par un carboxylate de sodium. Les 28 solubilités ont été déterminées et sont désormais disponibles. Il est apparu que pour un même métal la solubilité des quatre carboxylates variait linéairement avec le nombre de carbones dans la chaîne aliphatique. La possibilité d'extrapoler les solubilités de carboxylates à plus longue chaîne a été entrevue. Si la théorie a été vérifiée pour les dodécanoates, il n'en a pas été de même pour l'octadécanoate de cuivre où un écart de 10 unités a été observé sur la valeur du $pK_{sp}$. Les écarts dans les valeurs de solubilité des heptanoates et les octanoates (4 unités) sont moins importants que pour les nonanoates et des décanoates (7 unités). Ce sont ces deux derniers qui sont les meilleurs candidats pour l'utilisation des carboxylates en tant que réactif de précipitation sélective.

Enfin le comportement thermique des solides a été étudié. Ainsi les températures de fusion et de décomposition des 28 composés sont désormais disponibles avec les produits de décomposition finaux. Ces données peuvent être utilisées pour déterminer les voies de valorisation possibles des solides : un traitement pyrométallurgique nécessite de connaître le produit et la température de décomposition des solides calcinés. Tous les carboxylates métalliques présentent des températures de décomposition inférieures à 550 °C. Les produits finaux de décomposition sont des oxydes, du type MO pour le cadmium, le nickel, le plomb et le zinc, du type $M_3O_4$ pour le cobalt et le manganèse et un mélange $CuO/Cu_2O/Cu$ dans le cas du cuivre. La majorité des composés étudiés ont montré qu'ils passaient par un intermédiaire carbonate lors de leur décomposition. C'est un atout supplémentaire pour la valorisation de ces composés, car certains métaux tels que le cadmium ou le manganèse possèdent des filières de production qui utilisent des carbonates.

# CHAPITRE 2

## Etude de deux carboxylates trivalents: les décanoates de fer et de chrome

En plus des métaux divalents, les effluents industriels liquides contiennent également des métaux trivalents. Parmi les plus répandus, on retrouve le chrome et le fer.

L'objectif de ces travaux est d'utiliser les carboxylates de sodium pour valoriser les métaux contenus en solution. Les types de solutions visées sont les bains d'acides de décapage et des lixiviats issus de divers procédés hydrométallurgiques (traitement des minerais, valorisation de déchets solides). L'aluminium est absent de ce type de déchet, c'est pourquoi il ne sera pas étudié dans ces travaux.

Les cations trivalents tels que le chrome ou le fer sont des cations dits « acides ». Ils présentent la particularité de former des cations hydroxylés à des pH faibles (par exemple le composé $FeOH^{2+}$ se forme pour des pH compris entre 1,5 et 3,5). Dans ces conditions il est théoriquement possible de précipiter des hydroxycarboxylates métalliques de la forme $M(C_x)_{(3-y)}(OH)_y$, avec M cation trivalent.

Trois composés sont envisageables : un carboxylate pur ($y = 0$) et deux hydroxycarboxylates
($y = 1$ ou $2$). Devant la complexité du problème, il a été décidé de travailler uniquement avec le décanoate de sodium. Des quatre carboxylates étudiés, il est le meilleur candidat pour l'utilisation des carboxylates de sodium dans le traitement de solutions correspondant à des problématiques industrielles car les décanoates métalliques sont les plus insolubles des composés étudiés. Choisir de caractériser les décanoates trivalents nous est alors apparu judicieux si l'on tient compte des applications futures envisagées.

Devant ces considérations, cette partie sera entièrement consacrée à l'étude des décanoates de fer et de chrome.

La première partie présente l'étude du décanoate de fer et les différentes caractérisations réalisées : analyse chimique, analyse thermogravimétrique, diffraction des rayons X, spectrométrie infrarouge, ainsi que des mesures de solubilité. Une deuxième partie est consacrée à l'étude du décanoate de chrome. Seule la caractérisation des composés formés (par analyse chimique, DRX et ATG) sera présentée.

## A. Etude du décanoate de fer$^{III}$ :

La tendance des métaux en solution à coordiner les molécules d'eau et à réagir avec les ions hydroxydes peut conduire à des complexes basiques. Les liaisons de ces complexes étant principalement ioniques, les cations métalliques trivalents très chargés et possédant de faibles rayons ioniques peuvent facilement s'hydrolyser pour former des complexes hydroxo stables et ce même en solution acide [Ringbom, 1967]. Pour le fer$^{III}$, les équilibres en solution sont du type :

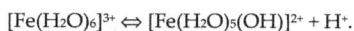

$$[Fe(H_2O)_6]^{3+} \Leftrightarrow [Fe(H_2O)_5(OH)]^{2+} + H^+.$$

L'ajout de décanoate de sodium dans une solution de $Fe^{3+}$ peut théoriquement conduire à plusieurs composés de type $Fe(C_{10})_3$, $Fe(OH)(C_{10})_2$, $Fe(OH)_2(C_{10})$ ou à un mélange dont la formation potentielle et la composition dépendent du pH de précipitation.

### 1. Etude préliminaire de la précipitation du décanoate de fer :

Pour déterminer l'influence du pH sur la précipitation du décanoate de fer et ainsi déterminer l'espèce qui se forme, il est nécessaire de connaître la répartition des espèces du fer en solution aqueuse en fonction du pH. Elle est présentée figure 36.

Ce diagramme est obtenu à partir du calcul de la fraction molaire des espèces du fer en solution. Par exemple pour le calcul de la fraction molaire correspondant à $Fe^{3+}$, elle est obtenue à partir de la concentration en fer$^{III}$ libre en solution ($[Fe^{3+}]_l$), de la concentration totale des différentes formes ($C_T$) et du coefficient d'acidité ($\alpha_{Fe3+}$) mis en relation dans l'équation (1) comme suit:

$$\frac{[\text{Fe}^{3+}]_1}{C_T} = \frac{1}{\alpha_{Fe3+}} \qquad (1)$$

La concentration totale des espèces du fer en solution s'exprime de la façon suivante :

$$C_T = [\text{Fe}^{3+}] + [\text{FeOH}^{2+}] + [\text{Fe(OH)}_2{}^+] + [\text{Fe(OH)}_3] + [\text{Fe(OH)}_4{}^-]$$

Le coefficient d'acidité varie uniquement en fonction du pH et est calculé en tenant compte des constantes d'acidité des espèces du fer (tableau XXXIX). Dans le cas de $\text{Fe}^{3+}$, il s'écrit sous la forme de l'équation (2) :

$$\alpha_{Fe^{3+}} = 1 + \sum_{i=1}^{4}\left(\frac{\prod_{j=1}^{i} Ka_j}{[H^+]^i}\right) \qquad (2)$$

| | $\text{Fe}^{3+}/ \text{Fe(OH)}^{2+}$ | $\text{Fe(OH)}^{2+}/ \text{Fe(OH)}_2{}^+$ | $\text{Fe(OH)}_2{}^+/\text{Fe(OH)}_3$ | $\text{Fe(OH)}_3/\text{Fe(OH)}_4{}^-$ |
|---|---|---|---|---|
| p$K_a$ | 2,19 | 2,40 | 7,97 | 9,03 |

Tableau XXXIX : pK$_a$ des espèces du fer en solution [Martell, 1992]

De la même manière, les fractions molaires des autres espèces du fer peuvent être calculées et conduisent au tracé du diagramme de la figure 36.

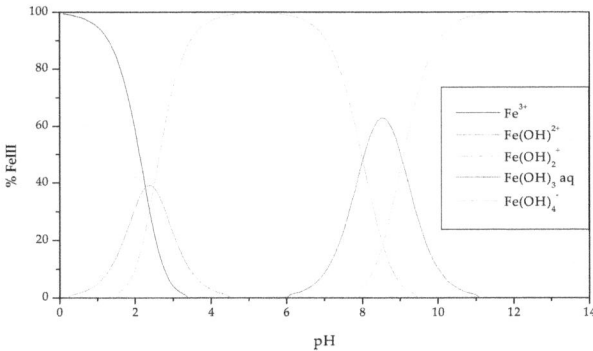

Figure 36 : diagramme de prédominance des espèces du fer en solution en fonction du pH

D'après ce diagramme, il n'est pas possible d'avoir une solution de fer$^{III}$ contenant seulement le cation sous la forme $Fe^{3+}$ et ce quel que soit le pH choisi pour effectuer la précipitation. Même pour un pH proche de zéro, on observe déjà la présence de fer hydroxylé sous la forme $Fe(OH)^{2+}$.

Ce problème d'hydroxylation du cation métallique ne se posait pas dans le cas des divalents. La figure 37 représente le diagramme de répartition des espèces du plomb. Ce cation est le cation divalent le plus « acide » étudié dans ces travaux de recherche. Il existe sous sa forme $Pb^{2+}$ pour un domaine de pH allant de 0 à 5,6. L'hydroxylation des composés n'est donc pas un problème car elle apparait pour un pH supérieur ou égal à 6,0 suivant le cation divalent étudié.

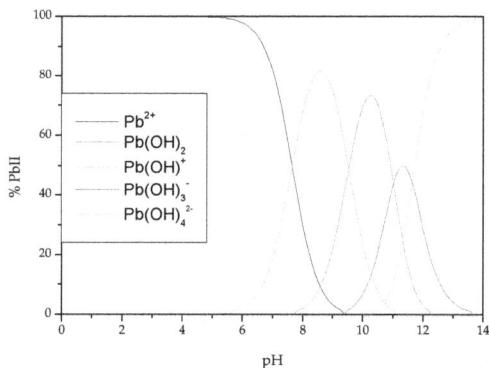

Figure 37 : diagramme de prédominance des espèces du plomb en solution en fonction du pH

Le diagramme de prédominance des espèces démontre la possibilité de former des hydroxycarboxylates de fer suivant le pH de précipitation. Pour déterminer l'influence du pH sur la précipitation de $Fe(C_{10})_3$, des suivis pHmétriques ont été réalisés. Les solutions de fer sont préparées à partir d'alun $NH_4Fe(SO_4)_2,12H_2O$.

La précipitation de 2,67 mL de $Fe^{3+}$ (0,125 M) amenés à un volume de 50 mL avec de l'eau permutée est réalisée par ajout de décanoate de sodium. Trois solutions ont été étudiées : une solution de fer laissée à son pH naturel, une solution légèrement acidifiée par de l'acide chlorhydrique HCl et enfin une solution légèrement basifiée par de la soude NaOH. Les ajouts d'acide et de base sont réalisés après dilution de la solution de fer. Les solutions ainsi obtenues sont ensuite dosées par du décanoate de sodium (0,105 M).

Le pH est contrôlé à l'aide d'une électrode de verre combinée Radiometer Analytical XC100, reliée à un pHmètre – mVmètre PHM 210 Standard Meterlab Tacussel. Les suivis sont présentés sur la figure 38.

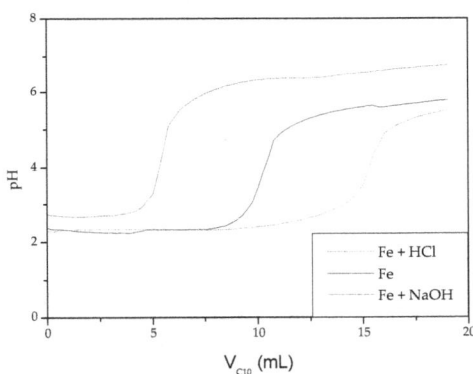

**Figure 38 : doubles suivis de la précipitation de Fe(C$_{10}$)$_3$ à différents pH initiaux**

Pour précipiter Fe(C$_{10}$)$_3$, un volume équivalent de 9,54 mL est attendu. Les volumes équivalents observés sur les trois suivis sont récapitulés dans le tableau XL. Pour une très légère variation du pH initial, le volume de décanoate ajouté varie énormément passant du simple au triple quand on passe de la solution basifiée à la solution acidifiée. Le composé formé diffère donc pour chacun des pH initiaux.

|  | pH initial | Volume équivalent (mL) | Rapport C$_{10}$/Fe |
|---|---|---|---|
| Fe à pH naturel | 2,4 | 10,25 | 3,22 |
| Fe basifiée | 2,7 | 5,5 | 1,73 |
| Fe acidifiée | 2,3 | 15,5 | 4,88 |

**Tableau XL : volumes équivalents observés lors des trois doubles suivis**

Lors du dosage de la solution « naturelle », le rapport $C_{10}/Fe$ est de 3,22 soit légèrement au-dessus du rapport théorique attendu.

L'ajout de soude à la solution de fer modifie le rapport des espèces du fer présentes en solution. Il y a augmentation du pourcentage des espèces hydroxylées. Le volume de décanoate nécessaire à la précipitation du fer en solution est inférieur à celui nécessaire à la précipitation de $Fe(C_{10})_3$. La précipitation amène à la formation d'un hydroxycarboxylate de formule générale $Fe(C_{10})_{1,73}(OH)_{1,27}$.

Lors de l'ajout d'acide chlorhydrique, le volume nécessaire de décanoate pour la précipitation est supérieur au volume théorique attendu. Il y a d'abord protonation du décanoate en acide décanoïque puis précipitation du décanoate de fer. Le solide obtenu est un mélange $Fe(C_{10})_3/HC_{10}$.

Pour une plage de pH de 0,5, la stœchiométrie des composés formés varie d'un décanoate de fer mélangé à de l'acide décanoïque à un hydroxycarboxylate en passant par un décanoate de fer dont la formule est proche de $Fe(C_{10})_3$. Nous avons donc réalisé des précipitations de décanoate de fer à pH régulé. Le maintien du pH à une valeur choisie doit permettre d'éviter l'évolution de la stœchiométrie du composé durant la précipitation. Ainsi il devrait être possible de précipiter sélectivement le décanoate de fer $Fe(C_{10})_3$ ou des hydroxycarboxylates de fer puis de les caractériser.

## 2. Précipitation du décanoate de fer(III) à pH contrôlé :

Pour chaque pH de précipitation choisi, la formation du composé a été réalisée 3 fois. Les composés ont été ensuite caractérisés par analyse chimique, analyse thermogravimétrique, spectrométrie infrarouge et diffraction des rayons X.

◆ Choix des différents pH de précipitation :

Le choix des pH de précipitation a été réalisé à l'aide du diagramme de prédominance des espèces précédemment établi. Quel que soit le pH choisi, le cation métallique $Fe^{3+}$ n'est jamais la seule espèce présente en solution. La précipitation par le décanoate de sodium peut conduire à la formation d'un hydroxydécanoate de fer[III].

Trois pH de précipitation ont été choisis. Deux pH pour lesquelles $Fe^{3+}$ est présent en solution dans des proportions différentes, et un pH plus basique en dehors du domaine d'existence de $Fe^{3+}$ pour étudier un éventuel hydroxydécanoate. La plage de pH d'existence du cation trivalent est comprise entre pH = 0 et pH = 3,5. Pour chaque pH choisi, le tableau XLI présente la répartition théorique des différentes espèces du fer.

| pH | % $Fe^{3+}$ | % $Fe(OH)^{2+}$ | % $Fe(OH)_2^{+}$ | Composition des précipités attendus |
|---|---|---|---|---|
| 2,0 | 58,7 | 31,3 | 10,1 | $Fe(C_{10})_{2,49}(OH)_{0,51}$ |
| 3,0 | 4,1 | 22,5 | 73,4 | $Fe(C_{10})_{1,30}(OH)_{1,70}$ |
| 4,0 | 0 | 2,9 | 97 | $Fe(C_{10})_{1,03}(OH)_{1,97}$ |

Tableau XLI : pourcentage des espèces du fer présentes en solution pour les trois pH étudiés

La stœchiométrie des solides attendus varie avec le pH. Plus le pH de formation est basique, plus le rapport $n_{(OH-)}/n_{(C10-)}$ augmente. A pH = 2,0, le décanoate est majoritaire dans le solide par rapport à l'hydroxyde. A pH = 3,0, les stœchiométries sont quasiment équivalentes alors qu'à pH = 4,0 c'est l'hydroxyde qui est majoritaire dans le solide par rapport au décanoate.

♦ Mode opératoire :

Dans un bécher on introduit 50 mL de $Fe^{3+}$ (0,05 M). La solution est amenée au pH souhaité par ajout de soude ou d'acide sulfurique et mise sous agitation. 15 mL de $NaC_{10}$ (0,5 M) sont ensuite ajoutés lentement (pendant environ une heure) à l'aide d'une burette automatisée. Simultanément, une deuxième burette ajoute l'acide sulfurique (0,5 M) nécessaire à maintenir la solution au pH initial. A la fin de l'ajout, le système est maintenu au pH fixé et est agité pendant une heure. Le précipité est ensuite filtré et lavé trois fois dans 200 mL d'eau. Les précipités sont alors séchés à 105 °C à l'étuve durant 24 h.

La première caractérisation est visuelle. Tous les précipités obtenus sont rouge brique (figure 39). Pour ces trois pH, on observe préférentiellement la précipitation d'un carboxylate de fer à la protonation de l'anion décanoate.

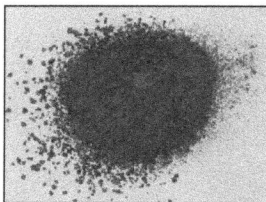

**Figure 39 : décanoates de fer obtenus aux trois pH étudiés**

**Remarque** : des expériences ont été réalisées à pH = 1,5. Le solide formé est blanc. A ce pH, il y a majoritairement protonation de l'anion décanoate.

### 3. Résultats et discussions :

Les résultats des quatre analyses effectuées sont présentés par technique d'analyse. Elles doivent permettre de déterminer la formule des différents composés formés afin de trouver le pH de précipitation correspondant à la formation de $Fe(C_{10})_3$ et ainsi déterminer sa solubilité.

## a) L'analyse chimique élémentaire :

Elle est réalisée pour chaque composé formé par attaque à l'acide chlorhydrique des solides obtenus.

**Mode opératoire** : 1 gramme de précipité préalablement séché est ajouté à environ 25 mL d'acide chlorhydrique 6 M dans un bécher. Ce dernier est alors recouvert d'un vert de montre et porté à ébullition jusqu'à disparition complète du solide (environ 30 minutes). Le bécher est ensuite laissé à refroidir jusqu'à température ambiante. Après refroidissement, l'acide décanoïque recristallise. La solution est alors filtrée puis ajustée en fiole jaugée et la teneur en métal est déterminée par dosage par Spectrométrie d'Absorption Atomique (S.A.A.). Les résultats des différents dosages sont synthétisés dans le tableau XLII.

| pH | % mass. Fe | moyenne |
|----|-----------|---------|
| 2 | 11,3 | |
| 2 | 11,8 | $11,7 \pm 0,41$ |
| 2 | 12 | |
| 3 | 11,4 | |
| 3 | 12,2 | $11,9 \pm 0,49$ |
| 3 | 12,1 | |
| 4 | 11,7 | |
| 4 | 12,1 | $12 \pm 0,24$ |
| 4 | 12 | |
| % massique de fer théorique | | |
| $Fe(C_{10})_3$ | 9,8 | |
| $FeOH(C_{10})_2$ | 13,5 | |
| $Fe(OH)_2C_{10}$ | 21,4 | |
| $Fe(OH)_3$ | 52,3 | |

**Tableau XLII : analyse chimique des solides obtenus lors les différentes précipitations et pourcentage massique de fer dans les différents hydroxydécanoate**

Malgré la légère évolution du pourcentage massique de fer dans les composés avec l'augmentation des pH de précipitation, les composés semblent chimiquement identiques au vu des résultats d'analyse. La comparaison de ces résultats aux pourcentages massiques de fer théoriques calculés pour les différents hydroxycarboxylates $Fe(C_{10})_{(3-x)}(OH)_x$ (avec $0 < x < 3$) (tableau XLII) montre que les composés formés ne sont pas sous la forme $Fe(C_{10})_3$ mais tendraient plutôt vers un mélange $Fe(C_{10})_3/Fe(OH)(C_{10})_2$ ou un composé de formule $Fe(C_{10})_{2,5}(OH)_{0,5}$.

Afin de confirmer ces résultats, d'autres caractérisations ont été menées à commencer par une analyse thermogravimétrique.

### b) Analyse thermogravimétrique :

Très peu d'études thermogravimétriques ont été réalisées sur les carboxylates de fer. Il est tout de même apparu que les carboxylates se décomposaient sous l'influence de la température à partir de 300 °C [Yepes, 2006] pour arriver à une dégradation complète à une température de 600 °C. Le produit final de la décomposition thermique des carboxylates de fer est l'oxyde $Fe_2O_3$ [Serre, 2004].

Les analyses thermogravimétriques ont été réalisées au Laboratoire de Chimie du Solide Minérale de l'Université Henri Poincaré de Nancy. Elles ont été réalisées à l'aide d'une thermobalance TG92-16.18 SETARAM. Les ATG sont obtenues sous air avec une montée en température de 5 °C.min$^{-1}$.

Les trois expériences réalisées pour chaque pH sont reproductibles et les thermogrammes sont superposables à l'erreur expérimentale près. Le résultat d'un seul des essais est présenté dans ce manuscrit (figure 40).

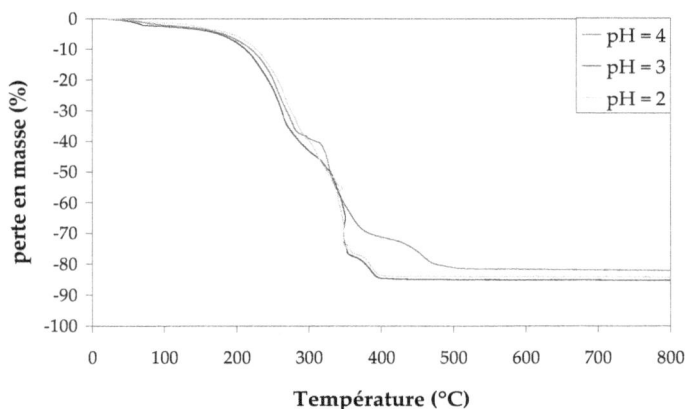

**Figure 40 : thermogrammes obtenus pour les décanoates de fer formés à pH = 2, 3 et 4**

Les courbes obtenues pour les composés formés à pH = 2,0 et 3,0 sont identiques. Elles présentent le même nombre d'étapes et la même perte en masse finale contrairement à celle obtenue pour le composé formé à pH = 4,0. Pour le composé formé à pH = 4,0, la dernière perte en masse, moins importante, est lente comparée à celle des deux autres pH. Pour les trois composés, on note une perte en masse dès 70 °C qui correspondrait à la perte en eau des solides (séchage incomplet).

La bibliographie indique que le composé final de décomposition est de l'oxyde de fer $Fe_2O_3$. Pour déterminer la nature des décanoates de fer formés, les pertes en masse expérimentales sont comparées à celles correspondant à la décomposition en oxyde des différents composés possible. Les résultats calculés pour chaque pH sont présentés dans le tableau XLIII.

| pH | perte en eau (%) | perte en masse totale (%) | perte en masse corrigée (%) | $T_{finale}$ (°C) |
|----|------------------|---------------------------|-----------------------------|-------------------|
| 2 | 1,7 | 84,9 | 83,2 ± 1,04 | 400 |
| 3 | 1,6 | 84,2 | 82,6 ± 0,70 | 395 |
| 4 | 2,0 | 82,4 | 80,4 ± 0,67 | 490 |

**Tableau XLIII : perte en masse du décanoate de $Fe^{III}$ observées en fonction du pH de précipitation**

Les résultats observés dans ce tableau confirment les conclusions tirées à partir des courbes à savoir que si les composés formés à pH = 2,0 et 3,0 présentent des pertes en masses proche (environ 83 %) et des températures finales de décomposition identiques (400 °C), le composé formé à pH = 4,0 se distingue avec une perte en masse finale de 80 % et une température de 490 °C. Comparés aux valeurs théoriques (tableau XLIV), il apparaît que le composé formé à pH = 4,0 peut être un hydroxycarboxylate de formule $Fe(C_{10})_2(OH)$ alors que les deux autres composés ne sont pas clairement définis. Il peut s'agir d'un mélange $Fe(C_{10})_3/Fe(C_{10})_2(OH)$ ou $Fe(C_{10})_{2,5}(OH)_{0,5}$.

| | Perte en masse (%) |
|---|---|
| $Fe(C_{10})_3$ | 86,0 |
| $FeOH(C_{10})_2$ | 80,8 |
| $Fe(OH)_2C_{10}$ | 69,4 |
| $Fe(OH)_3$ | 25,3 |

Tableau XLIV : perte en masse théorique des différents composés du fer[III]

Devant l'ambiguïté laissée sur les composés formés à des pH de 2,0 et 3,0, des analyses complémentaires ont été réalisées sur les différents solides obtenus. Ils ont tout d'abord été caractérisés par diffraction des rayons X.

c) Analyse par diffraction des rayons X :

Les diffractogrammes ont été réalisés à partir des précipités séchés et broyés. En plus des diffractogrammes obtenus pour les trois pH choisis, le diffractogramme de l'acide décanoïque a également été ajouté pour vérifier l'absence de ce composé dans les différents précipités (figure 41).

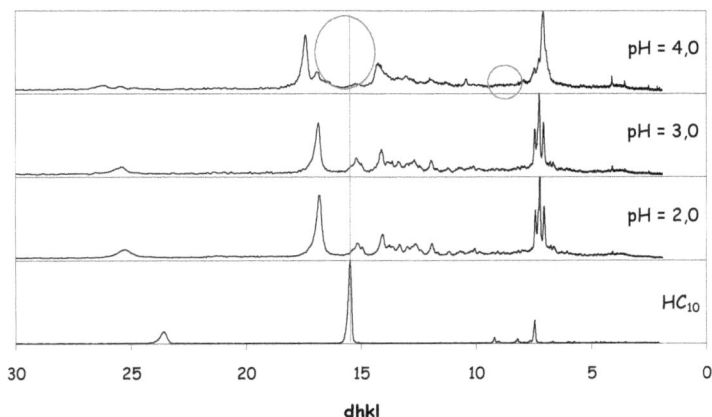

**Figure 41 : diffractogrammes des trois décanoates de Fe$^{III}$ obtenus en fonction du pH de précipitation**

Comme pour les analyses par ATG, les diffractogrammes sont identiques pour les trois composés formés à un même pH, c'est pourquoi seul un exemple de chaque pH est représenté sur cette figure. Comme pour les ATG, les diffractogrammes obtenus pour les composés formés à pH = 2,0 et 3,0 sont identiques.

Le diffractogramme du composé obtenu à pH = 4,0 est différent. Il présente tout de même des pics dans les mêmes plages de $d_{hkl}$ des deux autres solides. On observe l'apparition de deux pics : un vers 10 Å de faible intensité et un aux alentours de 18 Å de forte intensité. Ces pics pourraient être caractéristiques du composé Fe(C$_{10}$)$_2$(OH).

Si l'on compare les diffractogrammes obtenus à celui de l'acide décanoique, on ne retrouve aucun des pics de l'acide dans les décanoates. Le pic de plus forte intensité n'est présent dans aucun des diffractogrammes (matérialisé par un trait vertical rouge), on ne peut pas conclure sur l'absence d'acide décanoique dans le solide, mais s'il est présent c'est un composé minoritaire du solide.

La dernière étape de caractérisation a été l'étude par spectrométrie infrarouge qui a été réalisée pour confirmer les différentes hypothèses émises quant à la formule des décanoates de fer formés.

### d) Analyse par spectrométrie infrarouge :

L'analyse par spectrométrie infrarouge permet de différencier les acides carboxyliques de leurs carboxylates. Quand un acide est sous sa forme carboxylate et qu'il est lié à un cation, les pics correspondant aux deux principales vibrations associées aux groupements hydroxyle et carbonyle, à savoir $\overline{v}_{O-H}$ (3400 cm$^{-1}$) et $\overline{v}_{C-O}$ (1720 cm$^{-1}$), ne sont plus visibles sur les spectres infrarouges. De même, pour les vibrations de type C-O, on observe un décalage de fréquence entre le carboxylate métallique et l'acide correspondant. Ce décalage dépend du métal engagé dans le complexe et n'est régi par aucune règle ou tendance [Gossart P., 2001]. Dans la suite de la bibliographie, les nombres d'onde correspondent systématiquement à des composés du fer[III]. Il faut également préciser que les données recensées dans la littérature correspondent à des spectres IR réalisés en phase liquide alors que les spectres présentés ici ont directement été réalisé sur des solides.

Pour les carboxylates métalliques, de nombreuses bandes sont observables sur les spectres IR. Les bandes apparaissant entre 3000 et 2800 cm$^{-1}$ correspondent aux groupements $CH_2/CH_3$ et n'apportent rien quant à la détermination de la structure des composés. Par contre, les bandes comprises entre 1400 et 1800 cm$^{-1}$ sont celles correspondant aux vibrations des liaisons C - O ou C = O et nécessitent une attention particulière [Palacios E. G., 2001], notamment les deux bandes correspondant aux vibrations asymétriques et symétriques des liaisons C - O dont les nombres d'onde dépendent de la structure des composés [Palacios E. G., 2004]. Prenons le cas d'un versatate 10 (ou néo décanoate) de fer. Les versatates sont des carboxylates ramifiés présentés sur la figure 42. Les versatates 10 contiennent au total 10 carbones.

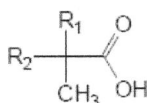

**Figure 42 : formule des acides versatiques (10 atomes de carbones au total, $R_1$ et $R_2$ : chaînes alkyles)**

Suivant le type de liaisons engagées, $\overline{v}_{C\text{-Oasym}}$ n'est pas visible aux mêmes nombres d'onde (figure 43).

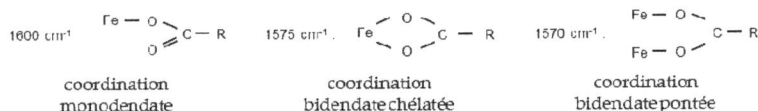

**Figure 43 : structure des carboxylates métalliques suivant la fréquence de vibrations des liaisons C-O**

La différence entre les nombres d'onde de vibrations asymétrique et symétrique de la liaison C-O, $\overline{v}_{C\text{-Oas}}$ et $\overline{v}_{C\text{-Os}}$, renseigne également sur la structure du composé et notamment sur la nature de la liaison carboxylate – métal. Ainsi Raptopoulou a montré que pour un $\Delta\overline{v}$ ($= \overline{v}_{C\text{-Oas}} - \overline{v}_{C\text{-Os}}$) inférieur à 184 cm$^{-1}$, le carboxylate est lié suivant un mode ponté au métal, i.e. qu'un carboxylate est relié à deux atomes de fer différents [Raptopoulou, 2005]. Ceci est confirmé par Paredes – Garcia qui a montré que pour un $\Delta v$ de 170 cm$^{-1}$ l'anion carboxylate était relié à deux atomes de fer [Paredes – Garcia, 2004]. A l'inverse, Carvalho a démontré que la coordination du carboxylate était monodendate pour un $\Delta v$ de 284 cm$^{-1}$ [Carvalho, 2006].

Une autre bande importante, notamment dans le cas des hydroxycarboxylates, est la bande de vibration des groupements hydroxyle $v_{OH}$. Cette large bande intense apparaît vers 3300 – 3400 cm$^{-1}$. Toutefois, Paredes – Garcia a également montré que la bande apparaissant aux alentours de 3400 cm$^{-1}$ n'était pas forcément synonyme de présence d'acide carboxylique dans le composé mais pouvait être induite par la présence de molécules d'eau.

Enfin Baranwal a montré que suivant la fréquence à laquelle sort la bande caractéristique de la liaison Fe – O il est possible de déterminer si le composé est mono ou polynucléé. Pour un $\overline{v}$ de 495 cm$^{-1}$, on est en présence d'un composé mononucléé alors que pour un $\overline{v}$ de 540 cm$^{-1}$ on observe un complexe trinucléé [Baranwal, 2003].

Popescu dresse le bilan des raies les plus caractéristiques des carboxylates dans le cas d'un carboxylate ferrique. Ces dernières sont résumées dans le tableau XLV [Popescu, 1996].

| Groupement | type de liaison | Nombre d'onde (cm$^{-1}$) |
|---|---|---|
| COO | vas | 1580 - 1585 |
| | vs | 1450 |
| | $\delta$ | 670 |
| | $\pi$ | 615 |
| CH / CH$_3$ | vas | 2960 |
| | vs | 2880 |
| CH / CH$_2$ | vas | 2930 - 2925 |
| | vs | 2860 - 2858 |
| (CH$_2$)$_n$ | $\delta$as | 1470 - 1465 |
| | $\delta$s | 1320 |
| | $\rho$ | 725 - 720 |
| H$_2$O | | 3500 - 3300 |
| | | 1530 |
| Fe$_3$O | | 605 |
| FeO$_4$ | | 380 |

Tableau XLV : longueur d'onde des liaisons caractéristiques des carboxylates ferriques
($v$ : élongation, $\delta$ : déformation dans le plan, $\pi$ : déformation hors du plan)

Les analyses par spectrométrie IR ont été réalisées au Laboratoire de Chimie et Méthodologie de l'Environnement de l'Université Paul Verlaine - Metz. Elles ont été directement réalisées sur poudre en utilisant un spectromètre PERKIN ELMER IRTF Spectrum One. Les nombres d'ondes $\overline{v}$ sont donnés en cm$^{-1}$.

Comme dans le cas de l'analyse par diffraction des rayons X, les trois spectres obtenus pour chaque pH sont identiques. De même les spectres obtenus pour les pH = 2,0 et 3,0 sont très proches et légèrement différents de ceux obtenus à pH = 4,0. La figure 44 présente les spectres obtenus pour les trois pH et la figure 45 présente la superposition des deux spectres obtenus à pH = 2,0 et 4,0.

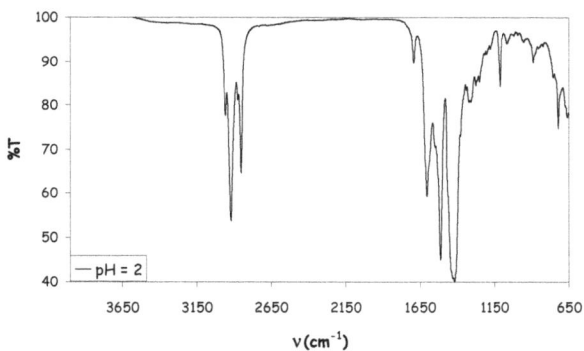

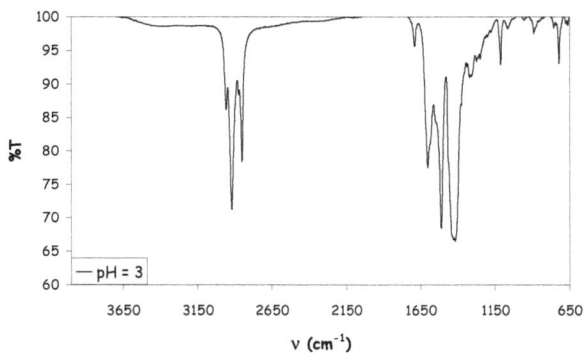

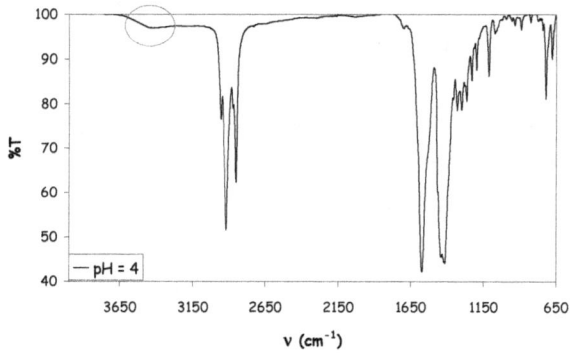

Figure 44 : spectres infrarouges des composés précipités à pH = 2,0, 3,0 et 4,0

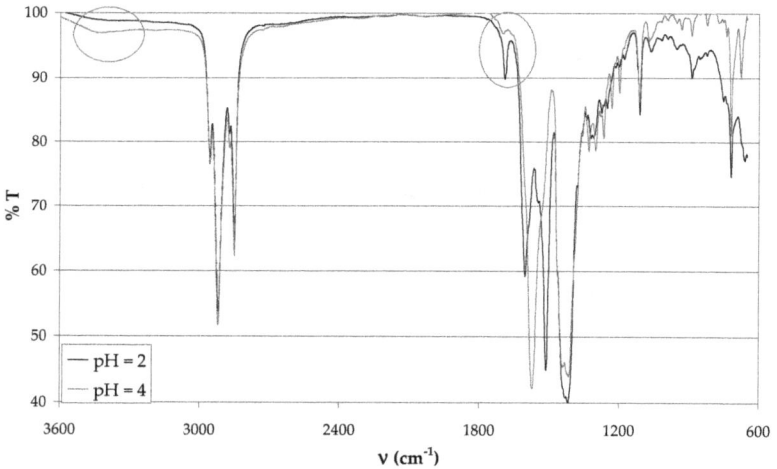

Figure 45 : superposition des spectres IR obtenus pour les composés précipités à pH = 2,0
et 4,0

Sur le spectre du composé réalisé à pH = 4,0 (figure 44), il n'y a pas de bande vers 1700 cm$^{-1}$. Cette bande correspond normalement à une liaison C = O. Son absence montre qu'il n'y a pas d'acide libre dans le composé. Par contre, on peut voir une faible bande $\overline{v}_{O-H}$ vers 3400 cm$^{-1}$. Etant donné l'absence de bande caractéristique d'une liaison C = O, la présence de la bande $\overline{v}_{O-H}$ est en faveur d'une liaison Fe –

OH. Le composé formé serait donc bien un hydroxycarboxylate de fer, comme l'a montré l'analyse chimique. Les deux bandes $\overline{v}_{C\text{-}Oas}$ et $\overline{v}_{C\text{-}Os}$ sont visibles sur le spectre et apparaissent respectivement à 1568 et 1432 cm$^{-1}$. Le $\Delta \overline{v}$ qui en résulte est de 136 cm$^{-1}$. D'après la bibliographie, le carboxylate serait donc bidendate. D'après Palacios et al. [Palacios, 2004], la présence d'une liaison Fe – OH et d'un carboxylate bidendate conduirait à un composé di ou tri-nucléé en phase solide dont la base serait un hydroxycarboxylate du type $Fe(OH)(C_{10})_2$.

Sur la figure 45, les spectres des composés obtenus à pH = 4,0 et 2,0 sont superposés. Pour rappel, le spectre du composé obtenu à pH = 3,0 n'est pas présenté car il est identique à celui du composé obtenu à pH = 2,0. On peut voir des différences entre les deux spectres. Deux bandes sont visibles à la place de la seule $\overline{v}_{C\text{-}Oas}$ du composé formé à pH = 4,0. Ces deux bandes ne sont pas référencées dans la littérature et sont peut être dues à la structure solide de l'échantillon. La faible bande observée à 3400 cm$^{-1}$ dans le cas du solide formé à pH = 4,0 disparaît sur le spectre du composé obtenu à pH = 2,0. De même, on note l'apparition d'une bande de faible intensité aux alentours de 1700 cm$^{-1}$ qui correspond à un groupement C = O. Ces deux observations tendraient à montrer également la présence d'une coordination de type monodendate. Toutefois, sans analyse complémentaire, il n'est pas possible de tirer de conclusions définitives. On ne peut que formuler des hypothèses.

e) Conclusion:

Pour tenir compte de la possible formation d'hydroxycarboxylates de fer[III], la synthèse des décanoates de fer a été réalisée sous pH contrôlé. Le diagramme de prédominance des espèces du fer a montré qu'il n'était pas possible d'avoir l'espèce $Fe^{3+}$ seule en solution. La probabilité de former le composé $Fe(C_{10})_3$ était donc faible.

Des synthèses de décanoate ferrique ont tout de même été réalisées à trois pH différents. Un premier pH pour lequel $Fe^{3+}$ était majoritaire (pH = 2,0), un second où l'espèce était minoritaire (pH = 3,0) et enfin un troisième pH où $Fe^{3+}$ n'est plus présent en solution et où la formation d'un hydroxycarboxylate est inévitable.

Sur chaque composé, trois types d'analyse ont été réalisés. Après avoir déterminé le pourcentage de fer dans chaque solide, ces derniers ont été analysés par diffraction des rayons X, par spectrométrie infrarouge et thermogravimétrie.

Il est apparu que les composés formée au pH = 2,0 et 3,0 présentaient les mêmes caractéristiques, mais ne correspondaient pas à $Fe(C_{10})_3$ comme le montre les analyses chimiques et les ATG. Le composé formé serait un hydroxycarboxylate du type $Fe(C_{10})_{2,5}(OH)_{0,5}$.

Le composé formé à pH = 4,0 semble quant à lui être un hydroxycarboxylate de la forme $Fe(C_{10})_2(OH)$. Malgré une analyse chimique qui présente le même pourcentage massique en fer que dans les composés obtenus aux deux autres pH, les analyses complémentaires (DRX, ATG) démontrent que le composé n'est pas identique à ceux obtenus aux deux autres pH. Les analyses IR tendent à confirmer cette hypothèse.

Il a donc été impossible de former $Fe(C_{10})_3$ lors de la précipitation d'une solution de fer par du décanoate de sodium à pH régulé. Toutefois la stœchiométrie des composés formés a été déterminée. On peut de ce fait déterminer la solubilité de ces composés. S'il ne sera pas possible de tracer le diagramme de solubilité du décanoate de fer en fonction du pH, des mesures ponctuelles pourront permettre de comparer la solubilité des décanoates ferriques à celles des décanoates divalents.

## 4. Détermination de la solubilité de $Fe(C_{10})_{2,5}(OH)_{0,5}$ :

La formule des composés formés a été déterminée et il est apparu que les composés étaient identiques pour des pH compris entre 2,0 et 3,0. Ils correspondent au composé $Fe(C_{10})_{2,5}(OH)_{0,5}$. Des mesures de solubilité sont réalisées pour ces deux pH de formation, ainsi que pour le pH intermédiaire de 2,5.

- ◆ Mode opératoire :

Les mesures de solubilité sont réalisées sur le même mode opératoire que pour les carboxylates divalents. Dans un bécher, on injecte environ 50 mL d'eau distillée. Du décanoate de fer est ajouté jusqu'à obtenir la saturation du système. La pulpe est laissée sous agitation à 350 tours. $min^{-1}$ durant deux heures. A la fin de l'expérience, le pH est mesuré. Les solutions sont ensuite filtrées pour être dosées en S.A.A. Devant la faible solubilité des composés étudiés, les dosages ont été réalisés en mode four permettant de descendre à des concentrations de 1 $\mu g.L^{-1}$ en fer.

Comme pour les divalents et pour chaque pH de formation, les déterminations de solubilité ont été répétées cinq fois.

- ◆ Résultats et discussion :

Pour chaque pH de synthèse, le tableau XLVI présente les pH mesurés à l'équilibre au bout de deux heures et le résultat des dosages S.A.A. Seule la moyenne des cinq reproductibilités est présentée ici.

| pH de synthèse | pH final | $S^{cond}$ ($\mu g.L^{-1}$) | $S^{cond}$ ($mol.L^{-1}$) | $Log(S^{cond})$ |
|---|---|---|---|---|
| pH = 2,0 | 4,2 | 3,14 | $5,63.10^{-8} \pm 0,03.10^{-8}$ | -7,25 |
| pH = 2,5 | 4,4 | 2,23 | $4,00.10^{-8} \pm 0,01.10^{-8}$ | -7,38 |
| pH = 3,0 | 4,3 | 3,02 | $5,42.10^{-8} \pm 0,02.10^{-8}$ | -7,27 |

**Tableau XLVI : mesure de solubilité de $Fe(C_{10})_{2,5}(OH)_{0,5}$**

Pour les trois pH de formation, les pH à l'équilibre, mesuré après deux heures de mise en solution sont identiques. Les mesures de solubilité donnent des résultats similaires. Les mesures réalisées sont à la limite du domaine de quantification du fer en solution par S.A.A., ceci explique la différence observée entre la solubilité mesurée à pH = 2,5 et les deux autres.

Pour chaque solubilité mesurée, on peut calculer le logarithme de cette solubilité conditionnelle qui permettra de comparer la solubilité du fer avec celle des métaux divalents (colonne 5 du tableau XLVI). L'hydroxydécanoate de fer apparaît comme étant bien plus insoluble que les carboxylates métalliques divalents.

5. Conclusion sur les décanoates ferriques:

Le fer$^{III}$ est un cation dit « acide ». Plusieurs espèces du fer mettant en jeu des groupements hydroxydes peuvent être présentes en solution, même à de pH faibles. Il y a donc possibilité de former un hydroxycarboxylate de fer même à des pH acides. Il a été montré que suivant le pH initial de la solution de fer, le volume de décanoate nécessaire à la précipitation du fer variait énormément.

L'étude du diagramme de prédominance des espèces du fer en solution a montré que, quel que soit le pH de précipitation, $Fe^{3+}$ n'était jamais la seule espèce en solution. Trois pH de précipitation ont donc été choisis : 2,0, 3,0 et 4,0. Les différentes analyses menées sur les composés (analyse chimique, ATG, DRX, IR) ont montré que le composé formé à pH = 4,0 était bien un hydroxydécanoate de fer de formule $Fe(C_{10})_2(OH)$. Il a également été démontré que les composés formés à pH = 2,0 et 3,0 étaient identiques mais qu'ils ne correspondaient pas à du décanoate ferrique de formule $Fe(C_{10})_3$. Les analyses chimiques et thermogravimétriques ont montré que les pertes en masses et les pourcentages massiques en fer correspondaient au composé $Fe(C_{10})_{2,5}(OH)_{0,5}$.

La solubilité de ce composé a donc été mesurée de la même façon que pour les carboxylates divalents. Elle est d'environ 3 µg.L$^{-1}$ soit $5,4.10^{-8}$ mol.L$^{-1}$ pour les composés formés à des pH compris entre 2,0 et 3,0. Le composé n'étant pas du $Fe(C_{10})_3$, il n'a cette fois pas été possible de remonter au produit de solubilité. Toutefois ces mesures ponctuelles permettront de comparer la solubilité conditionnelle des hydroxydécanoates de fer avec celles des métaux divalents et donc de considérer la possibilité ou non de traiter des solutions contenant du fer[III] par le décanoate de sodium.

## B. Etude du décanoate de chrome[III] :

Comme le fer, le chrome est un cation dit « acide ». Toutefois, cette propriété est moins marquée pour ce cation trivalent, mais comme pour le fer, la formation d'hydroxydécanoates de chrome [III] n'est pas à exclure même à des pH acides. Là encore, il faut donc déterminer la stœchiométrie des composés formés avant de pouvoir réaliser des mesures de solubilité. Les mêmes moyens que pour l'étude du décanoate de fer ont été mis en œuvre pour déterminer la stœchiométrie des composés formés afin de déterminer ensuite leur solubilité.

### 1. Etude préliminaire de la formation du décanoate de chrome :

Pour déterminer l'influence du pH sur la précipitation du décanoate de chrome il est nécessaire de connaître la répartition des espèces du chrome en solution aqueuse en fonction du pH. Ce diagramme est obtenu de la même façon que pour le diagramme du fer en calculant les fractions molaires de chaque espèce et pour chaque pH. Ces calculs tiennent compte des constantes d'acidité des espèces du chrome en solution données dans le tableau XLVII.

| | $Cr^{3+}/Cr(OH)^{2+}$ | $Cr(OH)^{2+}/$ $Cr(OH)_2^+$ | $Cr(OH)_2^+/Cr(OH)_3$ | $Cr(OH)_3/$ $Cr(OH)_4^-$ |
|---|---|---|---|---|
| $pK_a$ | 3,9 | 6,3 | 10,7 | 12,9 |

Tableau XLVII : pKa des espèces du chrome en solution [Martell, 1992]

En traçant les fractions molaires calculées en fonction du pH on obtient le diagramme de prédominance des espèces du chrome présenté sur la figure 46.

105

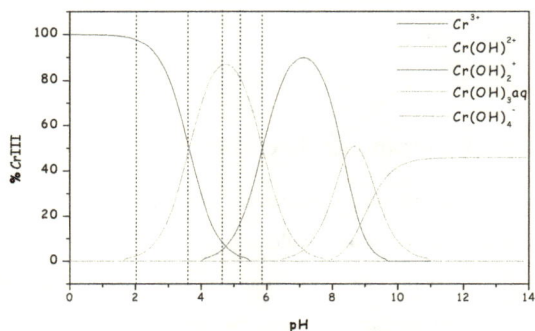

**Figure 46 : diagramme de prédominance des espèces du chrome[III] en solution en fonction du pH**

Contrairement au fer, le cation trivalent $Cr^{3+}$ est la seule espèce présente en solution pour un pH inférieur à 2. Toutefois à ce pH, la réaction de précipitation du décanoate de chrome sera en concurrence avec celle de la protonation de l'anion décanoate.

Pour étudier le comportement de la précipitation du chrome par le décanoate de sodium, des suivis pHmétriques ont été réalisés sur des solutions ayant des pH initiaux différents. Cinq valeurs de pH ont été choisies. Pour ces cinq pH, les pourcentages des différentes espèces en chrome en solution sont présentés dans le tableau XLVIII.

| pH | % $Cr^{3+}$ | % $Cr(OH)^{2+}$ | % $Cr(OH)_2^+$ |
|------|------|------|------|
| 2,6 | 91,6 | 8,4 | 0 |
| 3,6 | 51,7 | 41,8 | 0 |
| 4,7 | 7,3 | 86,9 | 5,8 |
| 5,2 | 2,1 | 80,8 | 17,1 |
| 5,9 | 0 | 48,1 | 51,5 |

**Tableau XLVIII : pourcentage des espèces du chrome en solution aux cinq pH étudiés**

106

♦ Mode opératoire :

Dans un bécher de 100 mL, on ajoute environ 20 mL d'eau distillée à 25 mL d'une solution de $Cr^{3+}$ ($8,25.10^{-2}$ M). La solution ainsi obtenue est amenée au pH désiré par ajout de soude 1M. Le pH est contrôlé à l'aide d'une électrode de verre combinée Radiometer Analytical XC100, reliée à un pHmètre – mVmètre PHM 210 Standard Meterlab Tacussel.

Pour le suivi pHmétrique, 19 mL de décanoate de sodium à 0,847M sont ajoutés par ajout de 200 µL toutes les 30 secondes. Le volume équivalent correspondant à la formation de $Cr(C_{10})_3$ attendu est de 7,30 mL. Les suivis obtenus sont présentés sur la figure 47.

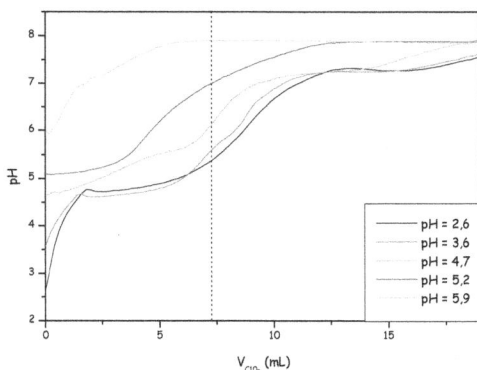

**Figure 47 : suivis pHmétriques de la précipitation du décanoate de chrome à différents pH initiaux**

La ligne en pointillé sur la figure 47 présente le volume équivalent théorique (7,50 mL) attendu lors des dosages. Le tableau XLIX donne les différents volumes équivalents observés lors des suivis.

| pH | Veq.1 (mL) | Veq.2 (mL) | Veq. précipitation = Veq.2 - Veq.1 |
|---|---|---|---|
| 2,6 | 2,1 | 9 | 6,9 |
| 3,6 | 1,8 | 8,8 | 7 |
| 4,7 | - | 7,5 | 7,5 |
| 5,2 | - | 4,3 | 4,3 |
| 5,9 | - | 3,0 | 3,0 |

**Tableau XLIX : volumes équivalents observés suivant les pH initiaux**

On remarque que la courbe correspondant à un pH initial de 4,7 présente un volume équivalent proche de la stœchiométrie du composé. De plus c'est le premier pH pour lequel il n'y a pas de saut marqué avant le volume du point équivalent théorique.

Pour les pH inférieurs (2,6 et 3,6), il y a d'abord protonation d'une partie du décanoate ajouté (1$^{er}$ saut à angle droit correspondant à Veq.1) puis précipitation du décanoate de chrome. Les volumes équivalents correspondant à la seule précipitation de $Cr(C_{10})_3$ sont proches du volume théorique attendu, mais du fait de ce premier saut de pH, de l'acide décanoique est en mélange avec le décanoate de chrome.

Pour les deux pH supérieurs (5,2 et 5,9), le volume équivalent observé est inférieur à celui attendu. Lors de l'ajout de soude pour obtenir le pH initial désiré, la solution de chrome verdit et le composé obtenu en fin de précipitation est plutôt vert alors que les composés précédents sont légèrement violettes (figure 48). Il est probable que pour ses deux composés, il y ait eu formation d'hydroxycarboxylates de chrome. A l'aide du volume de décanoate effectivement ajouté pour la précipitation, la stœchiométrie de l'hydroxydécanoate de chrome peut être calculée et donne respectivement la formation de $Cr(C_{10})_{1,8}(OH)_{1,2}$ et $Cr(C_{10})_{1,2}(OH)_{1,8}$ pour les pH de 5,2 et 5,9.

**Figure 48 : variation de la couleur des précipités suivant le pH initial de la solution**

Lorsque l'on fixe simplement le pH initial de la solution, ce dernier évolue au cours de la précipitation, pouvant ainsi aboutir à la précipitation de divers composés. Comme pour le fer, des précipitations à pH régulé ont donc été réalisées dans le but de synthétiser les différents hydroxycarboxylates et de les caractériser. Les pH de précipitation choisis sont ceux étudiés lors des suivis pHmétriques.

## 2. Précipitation du décanoate de chrome à pH contrôlé :

Les précipitations à pH régulé ont été réalisées avec le même appareillage que dans le cas du fer. Les différents composés ont été formés aux cinq pH déterminés précédemment : 2,6 – 3,6 – 4,7 – 5,2 – 5,9, et pour chaque pH, les précipitations ont été réalisées au moins 4 fois.

### a) Mode opératoire :

40 mL de chrome $8.10^{-2}$ M sont amenés au pH souhaité par ajout de soude. Une fois le pH désiré obtenu, 11,33 mL de $NaC_{10}$ 0,85M sont ajoutés très lentement. Durant l'ajout de décanoate, le pH de la solution est stabilisé au pH désiré à l'aide d'acide sulfurique 0,05 M. A la fin de l'ajout, le système est maintenu au pH fixé et agité pendant 1 heure. Le précipité est ensuite filtré et lavé par repulpage, puis mis à l'étuve à 105 °C pendant 24 h pour être séché.

Les deux premiers pH choisis conduisent à la formation d'un composé blanc légèrement violet. De plus la solution obtenue après filtration est de couleur violette intense (comme la solution de chrome initiale). Il y a donc préférentiellement reprotonation de l'anion décanoate lors des précipitations à ces deux pH. Ils ont donc été directement abandonnés sans plus d'analyses complémentaires.

Les composés obtenus aux pH de 4,7, 5,2 et 5,9 ont été caractérisés. Les mêmes analyses que pour la détermination des stœchiométries des décanoates ferriques ont été réalisées à l'exception de l'analyse par spectrométrie infrarouge. En effet, les produits formés sont collants et d'aspect gélatineux (figure 49). La spectrométrie infrarouge étant directement réalisée sur poudre, il n'a pas été possible d'obtenir les spectres IR des composés formés. Cet aspect collant rend également difficile la récupération du solide et sa filtration car ce dernier adhère au barreau aimanté et aux diverses électrodes et pointes d'addition nécessaires à la réalisation de l'expérience.

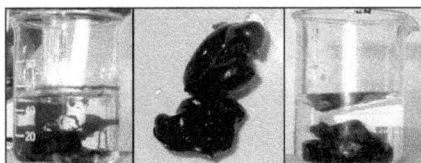

Figure 49 : aspect collant des composés du chrome obtenus à pH contrôlé

Le séchage des composés n'élimine pas leur aspect gélatineux (figure 49). Eshel et Bino [Eshel et Bino, 2001], lors de travaux sur un acétate de chrome simple : $[Cr(H_2O)_6](O_2CCH_3)_3$, ont montré que ce dernier se décomposait spontanément à température ambiante en solution pour donner des espèces polynucléaires du type $[Cr_3O(O_2CCH_3)_6(H_2O)_3]^+$ avec perte d'eau et d'acide acétique. Ils ont observés une condensation des atomes de chrome. Si cette condensation apparait également pour les composés formés à pH contrôlé, la présence d'acide dans le composé peut expliquer le caractère collant du composé.

b) Analyse chimique des décanoates de chrome

La mise en solution de ces composés est difficile, nous avons donc opté pour une étude gravimétrique en réalisant un grillage sous air des solides obtenus aux différents pH. Environ 1 g de solide est introduit dans un creuset en porcelaine et est grillé à 1000 °C pendant 1 heure. En considérant que le produit final est de l'oxyde de chrome $Cr_2O_3$, il est possible de remonter à la stœchiométrie des composés précipités. Les résultats expérimentaux sont synthétisés dans le tableau L et comparés aux pertes en masse théoriques du tableau LI.

Les pertes en masse des expériences réalisées à pH = 5,9 sont reproductibles et tendraient à montrer que le composé formé est bien un décanoate de chrome du type $Cr(C_{10})_3$. Les résultats obtenus pour les deux autres pH ne sont pas répétables. Une variation de plus de 7 % est observable sur les pertes en masse des composés synthétisés à pH = 4,7 et 5,2.

| pH | $m_{ini}$ (g) | $m_{fin}$ (g) | perte (%) | moyenne |
|----|------|------|------|---------|
| 4,7 | 1,079 | 0,0153 | 98,58 | |
| 4,7 | 1,0235 | 0,0834 | 91,85 | |
| 4,7 | 2,1003 | 0,0334 | 98,41 | 94,98 ± 4,6 |
| 4,7 | 1,9222 | 0,1714 | 91,08 | |
| 5,2 | 1,062 | 0,0962 | 90,94 | |
| 5,2 | 1,0606 | 0,079 | 92,55 | |
| 5,2 | 0,3074 | 0,0601 | 80,45 | |
| 5,2 | 1,233 | 0,1744 | 85,86 | 88,03 ± 4,9 |
| 5,2 | 1,4894 | 0,1534 | 89,70 | |
| 5,2 | 2,5321 | 0,2872 | 88,66 | |
| 5,9 | 1,0713 | 0,168 | 84,32 | |
| 5,9 | 1,0236 | 0,1653 | 83,85 | |
| 5,9 | 2,2777 | 0,2995 | 86,85 | 85,15 ± 1,5 |
| 5,9 | 2,4642 | 0,3555 | 85,57 | |

Tableau L : pertes en masse expérimentales lors de la calcination des solides

111

| Composé | Perte en masse théorique (%) |
|---|---|
| $Cr(C_{10})_3$ | 86,57 |
| $Cr(C_{10})_2(OH)$ | 81,54 |
| $Cr(C_{10})(OH)_2$ | 70,44 |
| $Cr(OH)_3$ | 26,21 |

**Tableau LI : pertes en masse théoriques de la calcination des hydroxydécanoates de chrome**

Les pertes en masse observées pour les composés formés à pH = 4,7 et 5,2 sont supérieures à celle du décanoate de chrome pur. Une explication possible est la présence d'acide dans les composés qui expliquerait également le caractère « gélatineux » des composés.

Wood et Seddon [Wood et Seddon, 1981] ont étudié le stéarate de chrome ($CrSt_3$) synthétisé en milieu organique et lavé à l'éthanol. Suite à l'analyse chimique, il est apparu que le composé formé présentait une perte en masse supérieure à celle attendu pour la formation de $CrSt_3$ alors que le composé lavé à l'éthanol présentait une perte en masse comprise entre celles des stéarates mono et di hydroxylé. Deux hypothèses ont été formulées sur la nature du composé formé avant lavage : il s'agit soit d'un mélange $CrSt_3$/HSt (acide stéarique) soit d'un mélange $HSt/Cr(St)_2(OH)/Cr(St)(OH)_2$. Une analyse ATG a montré que le composé formé était un mélange $HSt/Cr(St)_2(OH)/Cr(St)(OH)_2$ pour lequel le lavage à l'éthanol éliminerait les impuretés d'acide.

Suite à ces résultats, une précipitation à pH = 4,7 a été refaite. Pour éliminer l'acide en excès sur le composé, un lavage à l'éthanol a été substitué au lavage à l'eau. Lors de la mise en étuve à 105°C pour le séchage, le composé est passé d'une couleur violette à une couleur verte. Le grillage du produit obtenu donne une perte en masse de 77,3%. Comparée aux pertes en masse théorique du tableau LI, on peut voir que le composé formé n'est pas un hydroxydécanoate de chrome seul mais un mélange de deux hydroxydécanoates, en l'occurrence $Cr(C_{10})_2(OH)$ et $Cr(C_{10})(OH)_2$. Cette expérience confirme les résultats bibliographiques et les composés formés à pH = 4,7 et 5,2 peuvent correspondre à des mélanges $HC_{10}/Cr(C_{10})_2(OH)/Cr(C_{10})(OH)_2$.

### c) Analyse par diffraction des rayons X :

Les composés formés à pH = 5,9 pourraient être des décanoates de chrome $Cr(C_{10})_3$. Par contre pour les composés formés à pH = 4,7 et 5,2, il est probable qu'il y ait de l'acide décanoïque dans le composé formé. Malgré l'aspect caoutchouteux des solides, des diffractogrammes ont été obtenus pour chaque pH de formation. Un exemple de diffractogramme de chaque pH de formation est présenté sur la figure 50. Du fait de la présence possible d'acide décanoïque dans les composés formés, son diffractogramme a été rajouté.

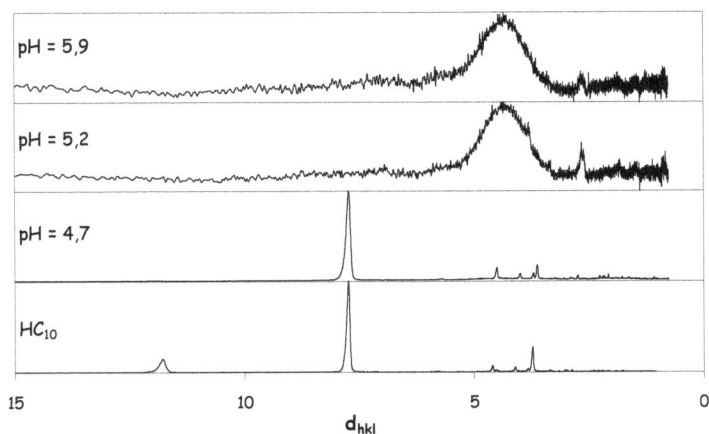

**Figure 50 : diffractogrammes des composés formés aux différents pH**

Les diffractogrammes des composés obtenus pour des pH de 5,2 ou 5,9 sont très proches et typiques d'un produit mal cristallisé. Par contre, le diffractogramme du composé précipité à pH = 4,7 montre un produit cristallisé. Les pics observés sont

113

similaires à ceux présents sur le diffractogrammes de l'acide décanoique pur. Ceci confirme l'hypothèse réalisée lors de l'analyse chimique, à savoir que de l'acide décanoique est présent dans le composé formé.

Les composés formés à pH = 5,2 et 5,9 sont amorphes et présentent des diffractogrammes très mal définis. L'analyse par diffraction des rayons X ne permet pas de dire si la précipitation du chrome par le décanoate de sodium à pH contrôlé amène à la formation de décanoate de chrome ou d'un mélange d'hydroxydécanoate de chrome.

### d) Analyse par thermogravimétrie :

Des carboxylates de chrome à longues chaînes ($C_{11}$ – $C_{15}$ – $C_{17}$ – $C_{21}$) ont fait l'objet d'étude dans la bibliographie. La température finale de décomposition des 4 composés varie entre 540 et 580 °C. La décomposition thermique s'effectue en 2 étapes et le produit final obtenu est de l'oxyde de chrome $Cr_2O_3$.

Les carboxylates de chrome sont stables jusqu'à 210 °C puis se décomposent lentement avec libération de $CO_2$ et formation de cétones comme produit intermédiaire. Les auteurs proposent le mécanisme de décomposition suivant [Rai et Parashar, 1979] :

$1^{ère}$ étape :

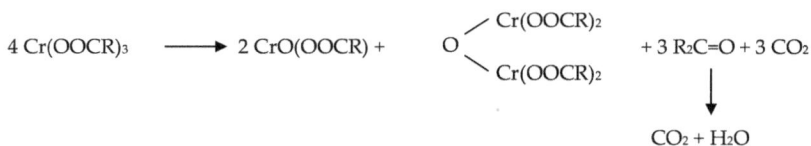

$2^{ème}$ étape :

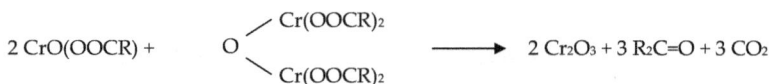

114

Wood et Seddon montrent que la décomposition des hydroxydécanoates de chrome se fait en 4 étapes, mais la température finale de décomposition reste la même que pour le décanoate de chrome et est d'environ 550 °C [Wood et Seddon, 1981].

Les analyses thermogravimétriques ont été réalisées sous air. Comme le laisser présager les analyses gravimétriques des échantillons, les thermogrammes obtenus ne sont pas identiques pour des expériences réalisées à un même pH. C'est pourquoi pour chaque pH, un exemple de chaque thermogramme obtenu est présenté figure 51.

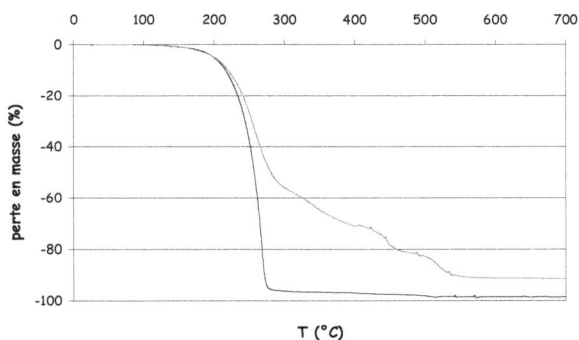

pH = 4,7

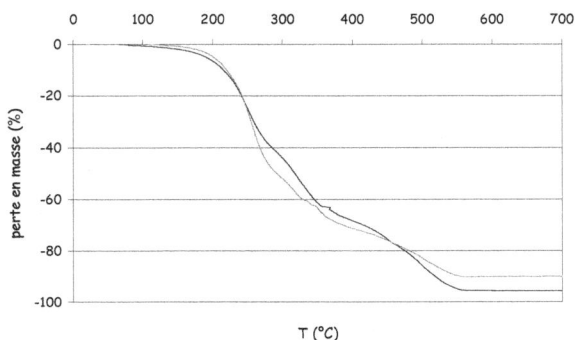

pH = 5,2

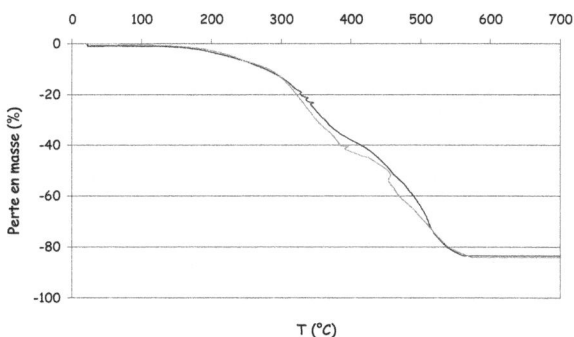

pH = 5,9

Figure 51 : thermogrammes des décanoates de chrome formés à pH contrôlé

Hormis la courbe bleue obtenue pour un pH de formation de 4,7, tous les thermogrammes présentent des décompositions en plusieurs étapes et ont une température finale de décomposition aux alentours de 550 °C. D'après la littérature, on peut donc supposer que les composés formés sont bien des hydroxydécanoates de chrome.

Les deux thermogrammes obtenus pour le pH de formation de 4,7 présentent un gros écart dans les pertes en masse, comme dans le cas des analyses chimiques. On peut supposer que le thermogramme qui présente une décomposition rapide (courbe bleue) correspond en fait à la décomposition thermique de l'acide décanoique qui doit être majoritaire dans le composé formé.

Au contraire, les thermogrammes des composés formés à pH = 5,9 ont des décompositions et des pertes en masse finales très similaires. Les expériences menées à ce pH semblent être reproductibles.

Pour essayer d'accéder à la stœchiométrie des composés formés, les pertes en masse finales sont répertoriées dans le tableau LII. Une colonne supplémentaire donne les températures finales de décomposition et les pertes en masse théoriques des hydroxydécanoates (tableau LII) sont rappelées en parallèle.

116

| pH | Température de décomposition finale (°C) | Perte en masse (%) | Composé | Perte en masse théorique (%) |
|---|---|---|---|---|
| 4,7 | 500 | 98,9 | $Cr(C_{10})_3$ | 86,57 |
| 4,7 | 565 | 91,9 | $Cr(C_{10})_2(OH)$ | 81,54 |
| 5,2 | 563 | 90,1 | $Cr(C_{10})(OH)_2$ | 70,44 |
| 5,2 | 553 | 95,7 | $Cr(OH)_3$ | 26,21 |
| 5,9 | 562 | 83,5 | | |
| 5,9 | 575 | 84,2 | | |

**Tableau LII : données thermogravimétriques des décanoates de chrome formés à différents pH**

Les pertes en masse expérimentales relevées sont supérieures à celle de $Cr(C_{10})_3$ pour les composés précipités à pH = 4,7 et 5,2. Ceci peut s'expliquer par la présence d'acide décanoique dans le composé formé.

Contrairement aux pertes en masse calculées pour le grillage, les pertes en masses observées sur les ATG des composés obtenus à pH = 5,9 montrent qu'on pourrait être en présence d'un mélange $Cr(C_{10})_3 - Cr(C_{10})_2(OH)$.

e) Conclusion:

Le chrome est également un cation dit « acide » et peut se trouver sous des formes hydroxylées même à de faibles pH. Même si ce caractère est moins marqué que dans le cas du fer, il a été nécessaire de réaliser les précipitations à pH régulé afin d'être sûr de précipiter $Cr(C_{10})_3$ pour pouvoir déterminer sa solubilité.

Les précipitations à pH régulé conduisent à des composés gélatineux qui rendent les différentes caractérisations difficiles. L'analyse chimique du composé et l'analyse IR n'ont pas été possibles. Seule l'étape de grillage a permis d'obtenir des données sur les différents composés formés. A pH = 4,0, il semblerait que le composé formé soit bien un décanoate de chrome. Par contre, pour les deux autres valeurs de pH, il y a probablement de l'acide décanoique dans le solide du fait de pertes en masse observées supérieures à celles attendues pour la formation de $Cr(C_{10})_3$.

Les études par DRX ont permis de montrer la présence d'acide décanoique dans les composés formés à pH = 4,7. Aucune information n'a pu être tirée sur la nature des composés formés aux deux autres pH, les diffractogrammes étant trop mal définis. En revanche, les ATG n'ont pas permis de confirmer la précipitation de $Cr(C_{10})_3$ pour un pH de formation de 5,9, les pertes en masse observées étant intermédiaires à celles de $Cr(C_{10})_3$ et $Cr(C_{10})_2(OH)$.

## C. Conclusion :

L'étude des carboxylates trivalents s'avère plus complexe que celle des divalents. Les cations trivalents (fer et chrome) présentent la particularité de se lier à des groupements $OH^-$ à des pH acide. Il est donc possible de former des hydroxycarboxylates métalliques de la forme $M(C_x)_{(3-y)}(OH)_y$ (avec M : cation trivalent).

L'étude de la précipitation du chrome et du fer trivalent par le décanoate de sodium a montré que la teneur en métal dans les précipités formés dépend du pH auquel à lieu la précipitation. Les composés formés peuvent être des hydroxydécanoates métalliques de la forme $M(C_{10})_{(3-y)}(OH)_y$. Le nombre de molécules hydroxydes dans les composés augmente avec le pH de formation. La précipitation des carboxylates métalliques trivalents s'est donc faite à pH régulé.

Quel que soit le cation mis en jeu, la précipitation à pH contrôlé conduit en majorité à la formation de l'acide décanoique par reprotonation du décanoate de sodium pour des pH inférieurs à 2 dans le cas du fer et 4,7 dans le cas du chrome.

Les différentes analyses menées sur les solides formés dans le cas du fer ont permis de déterminer les différentes stœchiométries des composés. Le précipité formé est $Fe(C_{10})_{2,5}(OH)_{0,5}$ pour des pH de précipitation compris entre 2,0 et 3,0 et $Fe(C_{10})_2(OH)$ pour un pH de formation de 4,0. La précipitation à pH régulé a tout de même

118

permis de déterminer la solubilité de $Fe(C_{10})_{2,5}(OH)_{0,5}$ sur la plage de pH d'existence de ce composé. Sa solubilité est de $5,2.10^{-8}$ mol.$L^{-1}$ soit environ 3 µg.$L^{-1}$. Cette mesure ponctuelle ne permet pas d'obtenir le diagramme de solubilité des espèces du décanoate de fer mais montre déjà que les décanoates de fer sont bien plus insolubles que les décanoates de métaux divalents.

L'analyse des décanoates de chrome s'est avérée encore plus complexe. Les composés formés sont tous gélatineux rendant difficiles les différentes caractérisations. Il semblerait tout de même que de l'acide décanoique soit présent dans les composés formés à pH = 4,7 (DRX). Un doute subsiste sur la nature du solide formé à pH = 5,9. Les analyses gravimétriques tendraient à montrer que le composé est un décanoate de la forme $Cr(C_{10})_3$ alors que les résultats des ATG pencheraient pour un mélange $Cr(C_{10})_3$ / $Cr(C_{10})_2(OH)$.

# CHAPITRE 3

# Précipitation sélective de
# cations par les décanoates

L'objectif affiché de ces travaux de recherche est de pouvoir utiliser les carboxylates de sodium dans le traitement de déchets industriels liquides ou de lixiviats issus de protocoles hydrométallurgiques. La caractérisation des carboxylates métalliques a permis d'obtenir les données thermodynamiques nécessaires à l'utilisation de ces réactifs comme agents de précipitation.

Nous proposons dans ce chapitre d'utiliser les données déterminées précédemment et de les mettre en pratique pour déterminer la faisabilité d'une séparation sélective de métaux présents en solution en vue de leur récupération. Cette étude est appliquée à des mélanges synthétiques de deux cations divalents représentatifs d'effluents ou de lixiviats issus du milieu industriel.

Après une rapide introduction sur le réactif de précipitation choisi, ce chapitre présentera la possibilité de déterminer d'un point de vue théorique la faisabilité ou non d'une séparation d'un mélange binaire. La précipitation sélective sera ensuite appliquée au mélange $Ni^{2+}$ - $Cd^{2+}$ en utilisant la méthode des plans d'expériences pour l'optimisation des opérations de séparation.

Une deuxième voie de traitement envisageable sera décrite : l'utilisation directe de décanoate de calcium en tant que réactif de précipitation à l'état solide. La partie suivante s'attellera à déterminer les potentialités du décanoate de sodium pour des effluents industriels liquides.

Enfin, une dernière partie sera dédiée à l'étude d'un composé mixte, un cation pour deux carboxylates différents à travers l'exemple de $Pb(C_9)_x(C_{10})_{2-x}$. Si ce composé peut être formé, sa solubilité devrait être inférieure à celle des deux carboxylates purs mis en jeu. L'objectif étant d'améliorer la quantitativité des réactions de précipitation.

## A. Introduction :

L'acide décanoique est un acide carboxylique d'origine naturelle présent dans les huiles palmistes (amandes) et dans les huiles de coprah à hauteur d'environ 10 %. Cet acide peut également être obtenu par synthèse organique. Il est disponible sur le marché et son coût est compris entre 600 et 4000 euros la tonne suivant les quantités commandées [Borredron, 2007]. Les décanoates métalliques présentent les plus faibles solubilités des composés étudiés dans ces travaux et ces dernières sont bien distinctes les unes des autres pour chaque cation. De plus l'acide décanoique est le premier acide carboxylique linéaire saturé solide à température ambiante. En vue de recycler le réactif après séparation sélective, son caractère solide annonce une récupération aisée par filtration contrairement à l'acide nonanoique qui est liquide (ce qui nécessiterait une étape d'extraction liquide - liquide). Le décanoate de sodium apparait donc comme étant le meilleur candidat à la précipitation sélective des métaux parmi les quatre carboxylates étudiés dans ces travaux de recherche.

## B. Prévisions de la séparation de cations divalents par le décanoate de sodium:

### 1. Diagramme de solubilité des décanoates métalliques :

La détermination des solubilités des décanoates de métaux divalents, présentés dans le chapitre I, nous permet de tracer les courbes de solubilité conditionnelle de chacun de ces composés en tenant compte de la possible formation des hydroxydes métalliques lorsque l'on s'approche des milieux basiques. Ces courbes, tracées à l'aide du logiciel MINEQL+ Chemical Equilibirum System (version 4.5 for windows) [Schecher, 2001], sont superposées sur la figure 52.

Le domaine de solubilité prédominant pour chaque phase solide (décanoate et hydroxyde) est délimité par une droite verticale en pointillés. A gauche de cette droite, le décanoate métallique est la phase solide prédominante tandis qu'au-delà de cette limite, il s'agit de l'hydroxyde. Dans la pratique, il n'y a pas de réelle limite entre les deux domaines de prédominance et pour éviter la coprécipitation de décanoate et d'hydroxyde, il faut se placer à une valeur de pH de 1 à 2 unités en dessous de la valeur frontière.

La superposition des courbes (figure 52) conduit à un outil de prédiction de la faisabilité d'une séparation d'un point de vue théorique. Pour déterminer les meilleures conditions de sélectivité d'un mélange binaire $M_1$ – $M_2$, on recherche la plus grande différence entre les deux courbes correspondantes à log [M2] et log [M1] tout en restant dans un domaine de pH où il est peu probable de former des hydroxydes métalliques. A partir des données de la figure 52, log([M2]/[M1]) est calculé pour des valeurs de pH comprises entre un pH minimal où la solubilité de $M_1(C_{10})_2$ est la plus faible et un pH correspondant à la « limite » entre hydroxyde et décanoate. Les résultats sont donnés dans le tableau LIII.

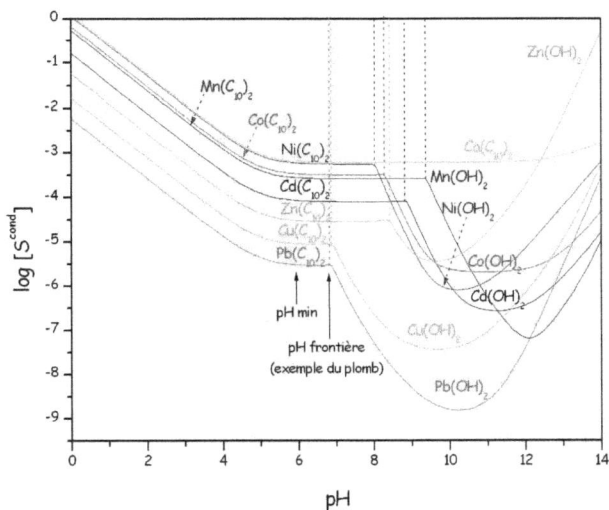

**Figure 52 : diagramme de solubilité des décanoates métalliques**

D'un point de vue théorique, ces mélanges peuvent être classés en 3 groupes :

- $\log([M_2]/[M_1]) < 1$ : la précipitation sélective sera difficile voire impossible
- $1 < \log([M_2]/[M_1]) < 2$ : la séparation est théoriquement possible et peut être étudiée expérimentalement
- $\log([M_2]/[M_1]) > 2$ : plus de 99 % du cation $M_1$ est précipité avec moins de 1 % du cation $M_2$ coprécipité. La séparation sera donc aisée.

Cette dernière condition est seulement vérifiée pour les mélanges $Pb^{2+}$ - $Co^{2+}$ et $Pb^{2+}$ - $Ni^{2+}$.

| Mélange $M_1$ – $M_2$ | | Valeur maximale pour $\log([M_2]/[M_1])$ | Zone de pH |
|---|---|---|---|
| $M_1$ | $M_2$ | | |
| $Pb^{2+}$ | $Cu^{2+}$ | 0,47 | |
| $Pb^{2+}$ | $Zn^{2+}$ | 0,98 | |
| $Pb^{2+}$ | $Cd^{2+}$ | 1,43 | $6,1 < pH < 6,8$ |
| $Pb^{2+}$ | $Mn^{2+}$ | 1,94 | |
| $Pb^{2+}$ | $Co^{2+}$ | 2,04 | |
| $Pb^{2+}$ | $Ni^{2+}$ | 2,27 | |
| $Cu^{2+}$ | $Zn^{2+}$ | 0,52 | |
| $Cu^{2+}$ | $Cd^{2+}$ | 0,97 | |
| $Cu^{2+}$ | $Mn^{2+}$ | 1,48 | $6,3 < pH < 6,9$ |
| $Cu^{2+}$ | $Co^{2+}$ | 1,57 | |
| $Cu^{2+}$ | $Ni^{2+}$ | 1,81 | |
| $Zn^{2+}$ | $Cd^{2+}$ | 0,45 | $6,9 < pH < 8,4$ |
| $Zn^{2+}$ | $Mn^{2+}$ | 0,96 | |
| $Zn^{2+}$ | $Co^{2+}$ | 1,05 | $6,9 < pH < 8,2$ |
| $Zn^{2+}$ | $Ni^{2+}$ | 1,29 | $6,9 < pH < 8,0$ |
| $Cd^{2+}$ | $Mn^{2+}$ | 0,51 | $7,0 < pH < 8,9$ |
| $Cd^{2+}$ | $Co^{2+}$ | 0,6 | $7,0 < pH < 8,2$ |
| $Cd^{2+}$ | $Ni^{2+}$ | 0,84 | $7,0 < pH < 8,0$ |
| $Mn^{2+}$ | $Co^{2+}$ | 0,09 | $6,5 < pH < 8,2$ |
| $Mn^{2+}$ | $Ni^{2+}$ | 0,33 | $6,5 < pH < 8,0$ |
| $Co^{2+}$ | $Ni^{2+}$ | 0,24 | $6,1 < pH < 8,0$ |

Tableau LIII : faisabilité théorique de la précipitation sélective d'un mélange de 2 cations divalents.

Dans le but de vérifier la fiabilité de cet outil de prédiction, des précipitations expérimentales ont été réalisées. Pour chaque mélange, la séparation a été effectuée à un pH de 4,0. Le choix d'une valeur aussi faible de pH, en dehors des plages définies dans le tableau LIII, permet de s'affranchir complètement de la possibilité de former un hydroxyde métallique, notamment au moment de l'ajustement du pH.

## 2. Méthodes expérimentales :

Lors des différentes précipitations sélectives, qu'elles soient réalisées sur solutions synthétiques ou échantillons industriels, les expériences sont réalisées à pH régulé. Après filtration, le décanoate précipité et le filtrat sont tous deux analysés.

### a) pH-statation des expériences :

La pH-statation est réalisée comme les expériences de synthèse des décanoates trivalents. Le pH est régulé par ajout d'acide sulfurique $H_2SO_4$ ou d'acide nitrique $HNO_3$ (dans le cas des mélanges contenant $Pb^{2+}$).

### b) Analyse des solutions :

Après précipitation, la pulpe est filtrée une première fois sur membrane. Le solide est ensuite lavé puis de nouveau filtré sur membrane. Les différentes solutions sont ajustées en fiole jaugée puis dosées par S.A.A. Les résultats sur les liquides, présentés tout au long de ce chapitre, rassemblent les dosages des filtrats et des eaux de lavage.

### c) Analyse des solides :

Les solides sont séchés à 105 °C durant 24 h, puis subissent une redissolution à l'acide sulfurique à chaud (acide nitrique dans le cas des mélanges mettant en jeu le plomb). Les solutions ainsi obtenues sont laissées à refroidir jusqu'à température ambiante. L'acide décanoïque reformé est solide. Il est éliminé par filtration du mélange sur papier filtre. Le filtrat est ajusté en fiole jaugée et dosé par S.A.A.

### 3. Séparation expérimentale :

La faisabilité des séparations a été réalisée sur douze mélanges pour lesquels $\log([M_2]/[M_1])$ est supérieur ou égal ou proche de 1. Les mélanges testés sont : $Pb^{2+}$ + $Zn^{2+}$, $Pb^{2+}$ + $Cd^{2+}$, $Pb^{2+}$ + $Mn^{2+}$, $Pb^{2+}$ + $Co^{2+}$, $Pb^{2+}$ + $Ni^{2+}$, $Cu^{2+}$ + $Cd^{2+}$, $Cu^{2+}$ + $Mn^{2+}$, $Cu^{2+}$ + $Co^{2+}$, $Cu^{2+}$ + $Ni^{2+}$, $Zn^{2+}$ + $Mn^{2+}$, $Zn^{2+}$ + $Co^{2+}$ et $Zn^{2+}$ + $Ni^{2+}$.

### a) Mode opératoire :

Les mélanges binaires ($[M_1]$ = $[M_2]$ = 0,1M) sont préparés en utilisant des sulfates métalliques, à l'exception des mélanges mettant en jeu le plomb qui ont été préparés à partir de nitrates. La précipitation est réalisée dans un bécher. La quantité de décanoate de sodium nécessaire à la précipitation totale de $M_1^{2+}$ est lentement ajoutée en utilisant une burette automatique durant une heure.

Durant la précipitation, le pH est maintenu à une valeur de 4,0 et le système est agité avec un barreau aimanté à 350 tours.min$^{-1}$. A la fin de la précipitation, le mélange est filtré et le solide est lavé abondamment à l'eau distillée avant d'être séché à l'étuve puis de subir une redissolution acide. Toutes les solutions sont ajustées dans des fioles jaugées afin d'être dosées par S.A.A.

### b) Résultats et discussion :

Le résultat des douze séparations réalisées est présenté dans le tableau LIV. Les expérimentations ont été reproduites trois fois à l'exception des mélanges mettant en jeu le cobalt où un seul essai de séparation a été réalisé. Les pourcentages exprimés sont des pourcentages molaires. La faisabilité des opérations de précipitation sélective est clairement démontrée. Dans chaque cas, la quantité de $M_2$ coprécipité est très faible (entre 0,08 et 1,14 %) à l'exception du zinc dans le mélange $Pb^{2+}$ - $Zn^{2+}$, où 7,15 % du zinc initialement présent en solution est coprécipité. La récupération de $M_1$ n'excède pas 96 %. Ceci est du au fait que la valeur du pH de précipitation ne correspond pas au minimum de solubilité des décanoates métalliques mis en jeu.

| Mélanges $M_1$ - $M_2$ | | % de $M_1$ précipité | % de $M_2$ coprécipité |
|---|---|---|---|
| $M_1$ | $M_2$ | | |
| $Cu^{2+}$ | $Cd^{2+}$ | $91,70 \pm 0,38$ | $0,64 \pm 0,06$ |
| $Cu^{2+}$ | $Mn^{2+}$ | $93,65 \pm 2,32$ | $0,44 \pm 0,03$ |
| $Cu^{2+}$ | $Co^{2+}$ | $94,55$ | $0,36$ |
| $Cu^{2+}$ | $Ni^{2+}$ | $92,10 \pm 1,49$ | $0,08 \pm 0,01$ |
| $Pb^{2+}$ | $Zn^{2+}$ | $92,40 \pm 2,28$ | $7,15 \pm 1,22$ |
| $Pb^{2+}$ | $Cd^{2+}$ | $92,64 \pm 3,29$ | $1,14 \pm 0,26$ |
| $Pb^{2+}$ | $Mn^{2+}$ | $94,81 \pm 5,40$ | $0,46 \pm 0,06$ |
| $Pb^{2+}$ | $Co^{2+}$ | $93,93$ | $0,06$ |
| $Pb^{2+}$ | $Ni^{2+}$ | $96,37 \pm 3,25$ | $0,37 \pm 0,01$ |
| $Zn^{2+}$ | $Mn^{2+}$ | $75,85 \pm 4,49$ | $0,39 \pm 0,13$ |
| $Zn^{2+}$ | $Co^{2+}$ | $88,46$ | $0,11$ |
| $Zn^{2+}$ | $Ni^{2+}$ | $80,25 \pm 1,40$ | $0,67 \pm 0,01$ |

Tableau LIV : précipitation sélective expérimentale des mélanges de cation $M_1$ – $M_2$ à pH = 4,0

Les prévisions réalisées à partir des diagrammes de solubilité sont en bon accord avec les séparations expérimentales. On peut donc prévoir l'efficacité d'une séparation. Cependant les protocoles opératoires doivent être optimisés en fonction des objectifs à atteindre qui dépendent directement du mélange étudié.

Par exemple, pour un mélange cationique $Cu^{2+}$ + $Mn^{2+}$, le cuivre est le décanoate le plus insoluble, mais il est également le métal possédant la plus forte valeur marchande du mélange. L'objectif est donc d'obtenir un décanoate de cuivre le plus pur possible, ce qui est atteint avec une séparation réalisée à pH = 4,0. Seulement, on observe une perte d'environ 5 % de cuivre qui peut être réduite.

A l'inverse, dans un mélange $Zn^{2+}$ + $Ni^{2+}$, c'est le nickel qui reste en solution qui présente la plus forte valeur marchande. Le but de la séparation sélective doit donc amener à l'obtention d'une solution de nickel la plus pure possible. A pH = 4,0, la solution de nickel contient encore 9,75 % de zinc. La encore le protocole de séparation doit être amélioré notamment en jouant sur le pH.

## 4. Choix d'un mélange binaire de cation divalent synthétique pour vérifier la sélectivité des séparations:

D'après les expériences réalisées précédemment, il est envisageable d'utiliser le décanoate de sodium en tant que réactif de précipitation sélective de cations divalents. L'objectif final étant de l'utiliser dans le traitement de liquides issus de traitements industriels (lixiviats ou déchets), nous avons décidé de réaliser la séparation d'un mélange synthétique binaire de cations métalliques représentatif d'une problématique industrielle. Quatre mélanges ont été envisagés comme utilisable pour cette séparation:

-   $Cu^{2+}$ - $Zn^{2+}$ : mélange représentatif des bains de laitonnage usagé
-   $Zn^{2+}$ - $Mn^{2+}$ : cations que l'on retrouve dans les lixiviats sulfuriques des broyats de piles alcalines et salines usées
-   $Zn^{2+}$ - $Ni^{2+}$ : effluent liquide provenant de l'épuration des fumées lors de la synthèse de nylon-6,6
-   $Cd^{2+}$ - $Ni^{2+}$ : mélange obtenu lors de la lixiviation acide des matériaux électrodes contenus dans les batteries Ni/Cd

Deux mélanges ($Zn^{2+}$ - $Mn^{2+}$ et $Zn^{2+}$ - $Ni^{2+}$) ont été testés à pH = 4,0 dans la partie 3.b et ont montré une séparation efficace des deux cations par le décanoate de sodium. Les deux autres mélanges présentent des rapports $\log([M_2]/[M_1])$ bien inférieurs à 1. La séparation par le décanoate ne devrait théoriquement pas être très efficace d'après le tableau LIII. Toutefois, ils mettent en jeu des métaux à forte valeur ajoutée tel que le cuivre et le nickel et sont donc intéressant d'un point de vue économique. C'est pourquoi un essai de séparation a tout de même été tenté.

Les essais de séparation sélective ont été menés comme précédemment hormis pour le choix du pH. Trop éloigné de la zone optimale pour précipiter un maximum de $M_1$, les pH ont été choisis de façon à être plus proche de cette plage. Il est apparu d'un point de vue expérimental qu'un pH de 6,0 ne pouvait être atteint. En effet, lors de l'ajout de soude pour atteindre ce pH, il y a précipitation d'hydroxyde métallique. Le pH choisi correspond donc au pH maximal atteint avant cette précipitation. Pour cette étude, les expériences n'ont été réalisées qu'une seule fois pour chaque mélange et les résultats sont présentés dans le tableau LV, les pourcentages exprimés sont des pourcentages molaires.

Il y a une évolution logique du pourcentage de précipitation du cation le plus insoluble avec les valeurs de log ($[M_2]/[M_1]$) calculée. Plus la valeur du log est faible, plus le pourcentage de $M_1$ précipité diminue.

| $M_1^{2+}$ - $M_2^{2+}$ | log ($[M_2]/[M_1]$) | pH de précipitation | % $M_1$ précipité | % $M_2$ coprécipité |
|---|---|---|---|---|
| $Cu^{2+}$ - $Zn^{2+}$ | 0,52 | 4,7 | 90,06 | 2,40 |
| $Zn^{2+}$ - $Mn^{2+}$ | 0,96 | 5,5 | 99,65 | 0,01 |
| $Zn^{2+}$ - $Ni^{2+}$ | 1,29 | 5 | 99,37 | 0,01 |
| $Cd^{2+}$ - $Ni^{2+}$ | 0,84 | 5 | 98,82 | 1,17 |

**Tableau LV : résultats des précipitations sélectives réalisées sur des mélanges correspondant à une problématique industrielle**

Pour les mélanges $Zn^{2+}$ - $Mn^{2+}$ et $Zn^{2+}$ - $Ni^{2+}$, les séparations ont été améliorées par rapport au résultat obtenu à pH = 4,0. Il n'y a quasiment pas de coprécipitation du métal le plus soluble ($Mn^{2+}$ ou $Ni^{2+}$) et le rendement de précipitation du zinc a fortement augmenté avec plus de 20 % de zinc précipité en plus. Il avoisine désormais les 100 %.

La séparation du mélange $Cd^{2+}$ - $Ni^{2+}$ par le décanoate de sodium permet de précipiter près de 99 % du cadmium en solution avec moins de 1,17 % de nickel en coprécipitation. La solution de nickel obtenue a une concentration en nickel de 58 $g.L^{-1}$ avec moins de $1g.L^{-1}$ de cadmium. L'objectif étant de valoriser la solution de nickel, cette séparation est efficace.

La séparation du mélange $Cu^{2+}$ - $Zn^{2+}$ par le décanoate de sodium permet de précipiter plus de 90 % du cuivre en solution avec moins de 2,5 % de zinc coprécipité. C'est le gâteau de décanoate de cuivre qui est le plus intéressant économiquement à valoriser. La précipitation entraîne la perte d'environ 10 % du cuivre qui reste en solution, toutefois la séparation permet d'obtenir un gâteau contenant moins de 0,4 % en masse de zinc.

Suivant les objectifs de valorisation propre à chaque mélange, les quatre séparations donnent de bons résultats. Les mélanges $Zn^{2+}$ - $Mn^{2+}$ et $Zn^{2+}$ - $Ni^{2+}$ ayant déjà fait l'objet d'études dans le cadre de contrats industriels confidentiels, le choix entre les deux mélanges restant s'est fait au regard des rendements de précipitation. Lors de la séparation $Cu^{2+}$ - $Zn^{2+}$, environ 10 % du cuivre reste en solution alors que pour le mélange $Cd^{2+}$ - $Ni^{2+}$, le cadmium est précipité à près de 99 %. Dans ce deuxième mélange, il est envisageable de valoriser autant la solution que le solide. L'étude complète de la séparation sélective par le décanoate de sodium portera donc sur le mélange $Cd^{2+}$ - $Ni^{2+}$.

## C. Exemple de la séparation cadmium – nickel par le décanoate de sodium:

### 1. Introduction :

D'après l'ADEME (Agence De l'Environnement de la Maîtrise d'Energie) [ADEME, 2005], 12,9 millions de batteries portables Ni – Cd (< 1 kg) ont été mises sur le marché en 2005 représentant un total de 1327 tonnes de métal. Cette même année, 1322 tonnes de batteries usagées ont été collectées en France. Au total, c'est 3596 tonnes de batteries qui ont été recyclées en tenant compte des batteries usagées provenant des pays limitrophes. De telles batteries se retrouvent dans de nombreux dispositifs portables. Le matériau actif de l'électrode positive est constitué d'hydroxyde de nickel et celui de l'électrode négative de cadmium métal. La réaction de charge/décharge de la batterie peut être écrite de la façon suivante :

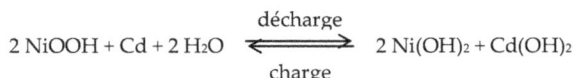

$$2 \; NiOOH + Cd + 2 \; H_2O \; \underset{charge}{\overset{décharge}{\rightleftarrows}} \; 2 \; Ni(OH)_2 + Cd(OH)_2$$

La directive 2006/66/EC du parlement Européen [Directive, 2006] sur les batteries et accumulateurs neufs et usagés, renommée Directive 91/157/EEC, classe les batteries Ni – Cd usagées comme des produits dangereux à cause du caractère cancérigène de ces deux métaux. De ce fait, la directive européenne établit pour chaque état membre :

-   la collecte de 25 % des batteries usagées en 2012 et de 45 % en 2016
-   le recyclage de 75 % du poids moyen des batteries Ni – Cd usagées par la meilleure technologie disponible

Le recyclage des batteries usagées est important d'un point de vue environnemental et économique. Les batteries Ni – Cd sont la ressource majeure du cadmium secondaire [Safarzadeh, 2007] et le nickel est un métal de plus en plus cher dont le prix dépasse les 40 000 US$ la tonne [LME, 2007]. Une étude bibliographique a montré que des procédés hydrométallurgiques et pyrométallurgiques ont été étudiés pour valoriser les métaux contenus dans ces déchets. La voie hydrométallurgique présente les meilleurs avantages (récupération complète des métaux de pureté élevée, faible dépense énergétique, limitation des émissions dans l'air...)

Le principal traitement de ces déchets est le suivant : les batteries usagées sont d'abord collectées puis triées pour séparer les Ni – Cd des autres. Ensuite, une séparation physique est réalisée pour éliminer les éléments structuraux et récupérer les matériaux actifs des électrodes. La poudre ainsi obtenue est lixiviée soit par de l'acide sulfurique [Nogueira, 2004 ; Ramachandra Reddy, 2006a] soit par de l'acide chlorhydrique [Ramachandra Reddy, 2006b]. Le lixiviat contient majoritairement du nickel et du cadmium avec des impuretés comme du cobalt et du fer. La technologie la plus fréquemment utilisée pour récupérer sélectivement le cadmium, le nickel et le cobalt est l'extraction par solvant [Ramachandra Reddy, 2006a et 2006b ; Nogueira, 1999 ; Ramachandra Reddy, 2005]. Après l'abattement du fer par précipitation sous forme d'hydroxydes, le cadmium est extrait dans du kérosène en utilisant l'acide di(2-ethyl-hexyl) phosphonique (D2HPA) comme agent d'extraction. Une seconde étape consiste en la séparation du nickel et du cobalt par l'acide bis(2,4,4-trimethylpentyl) phosphonique commercialement appelé CYANEX 272. A chaque étape, le métal extrait est récupéré et le solvant régénéré. Trois solutions concentrées de chaque cation sont ainsi obtenues dans lesquelles les métaux peuvent être récupérés par électrolyse [Freitas, 2005 ; Freitas, 2007 ; Yang, 2003] ou précipitation chimique (sous forme de carbonates ou d'hydroxydes) [Bartolozzi, 1995].

Dans ces travaux, nous avons évoqué précédemment la possibilité de séparer le nickel du cadmium en une seule étape par la précipitation sélective en utilisant le décanoate de sodium. Cette partie est consacrée à l'optimisation de cette séparation sur un mélange synthétique en utilisant la méthode des plans d'expériences. Une fois les conditions optimales déterminées, la précipitation sélective sera réalisée sur un échantillon de déchet réel et comparée au traitement actuellement utilisé industriellement.

## 2. Etude de la séparation Ni – Cd sur un mélange synthétique :

La séparation du nickel et du cadmium dans un mélange binaire a d'abord été étudiée sur une solution synthétique ne mettant en jeu que ces deux cations avant d'être testée sur un lixiviat réel.

a) Méthodologie des plans d'expériences :

Dans cette étude, l'optimisation de la séparation nickel – cadmium est réalisée suivant la méthodologie des plans d'expériences en utilisant un plan factoriel à deux niveaux. Pour chaque facteur est défini un niveau + et un niveau – qui fixent les bornes expérimentales du domaine étudié. Le plan d'expériences fait varier simultanément les facteurs choisis ce qui offre de nombreux avantages :

-   étudier un maximum de facteurs en un minimum d'expériences
-   étudier les interactions entre les différents facteurs
-   améliorer la précision sur les résultats
-   optimiser et modéliser les résultats

Pour chaque facteur, le domaine d'étude est défini par les résultats des expériences préliminaires tout en considérant les conditions de travail et les limites industrielles.

♦ Facteurs et domaine d'étude :

Le facteur majeur influençant la précipitation sélective est bien évidemment le pH. Il a été vu que l'augmentation d'une unité du pH de précipitation pouvait faire varier le pourcentage du cation précipité de 20 %. Il est de ce fait le facteur le plus important de la séparation sélective des deux cations. Son étude permettra de quantifier de manière précise, son influence sur les différents rendements de séparation. En plus du pH, quatre autres facteurs ont été choisis comme pouvant potentiellement influer sur la sélectivité de la précipitation. Le domaine expérimental de ces facteurs a été choisi suite à des essais préliminaires et à un plan d'expériences réalisé sur un même type de précipitation sélective [Zimmermann, 2005].

Les cinq facteurs choisis sont donc :

-   la concentration en cadmium ($X_1$) : d'un point de vue industriel, il apparait complexe de contrôler et d'ajuster ce facteur mais son étude permettra de valider la précipitation sélective sur une large gamme de concentrations et donc de lixiviats, que la concentration en cadmium soit inférieure, supérieure ou équivalente à celle du nickel, fixée à 0,1 M. Le domaine de concentrations étudiées est compris entre 0,05 M et 0,15 M.

- le pH de précipitation ($X_2$) : il est choisi entre pH = 4,5 pour prévenir la protonation de l'anion décanoate et pH = 5,5 pour éviter la formation d'hydroxyde métallique.

- le rapport molaire $nC_{10^-}/nCd^{2+}$ ($X_3$) : le but de cette séparation est d'obtenir une solution pure de nickel du fait de sa forte valeur commerciale. Pour se faire il faut abattre le maximum du cadmium contenu en solution. La valeur de ce facteur est donc au moins égale à 2, ce qui correspond au rapport molaire du composé $Cd(C_{10})_2$.

- le temps d'addition du décanoate de sodium ($X_4$) : ce temps doit être suffisamment long pour assurer l'efficacité de la séparation tout en étant assez court pour envisager un développement industriel.

- le temps de repos de la solution ($X_5$) : ce temps est nécessaire pour stabiliser le système après addition du réactif de précipitation.

Afin de minimiser les incertitudes sur les réponses, tous les autres paramètres pouvant potentiellement influencer les résultats sont maintenus constants à travers les expériences :

- la concentration en nickel est fixée à 0,1 M
- la concentration du décanoate de sodium est fixée à 0,86 M
- la vitesse d'agitation est de 400 tours.min$^{-1}$
- enfin un protocole de lavage a été clairement défini et est suivi pour chaque expérience

Les cinq facteurs, leurs noms codés et les trois niveaux réels (niveau -, + et point central = 0) correspondant sont donnés dans le tableau LVI.

| | $X_1$ | $X_2$ | $X_3$ | $X_4$ | $X_5$ |
|---|---|---|---|---|---|
| Niveaux des facteurs | [Cd$^{2+}$] (mol.L$^{-1}$) | pH | Rapport molaire $nC_{10}/nCd^{2+}$ | Temps d'addition (mn) | Temps de repos (mn) |
| -1 | 0,05 | 4,5 | 2,0 | 60 | 60 |
| 0 | 0,10 | 5,0 | 2,1 | 90 | 90 |
| +1 | 0,15 | 5,5 | 2,2 | 120 | 120 |

**Tableau LVI : valeurs réelles des niveaux des cinq facteurs étudiés dans le plan d'expériences**

- ◆ Choix du plan d'expériences :

Un plan d'expériences complet $2^5$ (5 facteurs à 2 niveaux) nécessite la réalisation de 32 expériences. Il est possible de réduire le nombre d'expériences à réaliser tout en maintenant le nombre de facteurs à étudier en utilisant un plan fractionnaire. Le plan appliqué ici est un plan fractionnaire $2^{5-2}$ permettant de réaliser seulement 8 expériences.

A ces huit expériences, s'ajoutent quatre expériences pour lesquels les niveaux de tous les facteurs sont mis au centre du domaine expérimental. Ces quatre expériences, appelées points centraux, permettent de valider le modèle choisi et d'obtenir une estimation indépendante des erreurs si aucune dérive n'a été constatée.

Ce plan d'expériences est construit sur le modèle d'un plan complet $2^3$ pour les facteurs $X_1$, $X_2$ et $X_3$. Les facteurs $X_4$ et $X_5$ sont associés à des interactions des trois facteurs de bases en utilisant deux générateurs d'aliases 4 ≡ 123 et 5 ≡ 12. Ainsi le facteur 4 est associé à l'interaction des trois facteurs 1, 2 et 3 et le facteur 5 est associé à l'interaction des facteurs 1 et 2. De cette manière, un plan de résolution III est obtenu [Goupy, 1993].

Dans un plan fractionnaire $2^{5-2}$, sept contrastes peuvent être calculés. En ignorant les interactions faisant intervenir plus de deux facteurs, nous obtenons les sept contrastes suivant [Box, 1978] :

$$L_1 = 1 + 25$$

$$L_2 = 2 + 15$$

$$L_3 = 3 + 45$$

$$L_4 = 4 + 35$$

$$L_5 = 5 + 12 + 34$$

$$L_{13} = 13 + 24$$

$$L_{23} = 23 + 14$$

Ainsi la valeur du contraste $L_1$ correspond à l'influence du facteur 1 et à celle de l'interaction entre les facteurs 2 et 5.

- ♦ Réponses étudiées :

L'effet des différents facteurs est mesuré par les réponses. Dans notre cas, deux réponses sont étudiées :

- le pourcentage de nickel restant en solution après précipitation de $Cd(C_{10})_2$ (contenu dans le filtrat et dans l'eau de lavage) calculé à partir de la quantité initiale en nickel et noté $y_{Ni}$
- le pourcentage de cadmium précipité déterminé à partir de la quantité de cadmium initialement présent dans les différents mélanges étudiés. Cette réponse est notée $y_{Cd}$.

L'objectif de ce plan d'expériences est de déterminer les conditions optimales de précipitation permettant d'obtenir des résultats de 100 % pour ces deux réponses.

b) Mode opératoire :

◆ Préparation des solutions :

Les solutions cationiques sont préparées à partir de sulfates. La solution de décanoate de sodium à 0,86 M est préparée par neutralisation de l'acide décanoïque par de la soude comme expliqué dans le chapitre I. La solution en nickel a une concentration de 0,1 M. Les solutions en cadmium ont des concentrations de 0,05, 0,1 et 0,15 M.

◆ Séparation sélective :

Les séparations sont réalisées dans des béchers. 25 mL de la solution de nickel et 25 mL de la solution de cadmium appropriée pour obtenir le mélange synthétique donné par le plan d'expériences sont introduits dans un bécher. Le pH est ensuite ajusté à sa valeur initiale par ajout de soude ou d'acide sulfurique suivant le cas. La quantité de décanoate de sodium, préalablement déterminée à l'aide du plan d'expériences, est alors ajoutée à l'aide d'une burette automatique pour précipiter le cadmium. La pulpe est finalement laissée au repos avant d'être filtrée. Durant la totalité de l'expérience (addition du réactif + temps de repos), le pH est maintenu à sa valeur initiale et le système est agité à l'aide d'un barreau aimanté à une vitesse de 400 tours.min$^{-1}$.

◆ Protocole de lavage :

A la fin de chaque expérience, la solution est filtrée dans un récipient fermé sous vide à travers une membrane en acétate de cellulose 0,22 µm durant cinq minutes. Le solide est alors lavé avec 50 mL d'eau pure durant 20 minutes sous agitation magnétique à 350 tours. min$^{-1}$. A la fin du lavage, la pulpe est de nouveau filtrée dans les mêmes conditions. Le précipité est alors séché à 105 °C durant 24 h, pesé et redissout par de l'acide sulfurique à chaud. Les concentrations des deux cations $Ni^{2+}$ et $Cd^{2+}$ sont dosées dans les trois solutions obtenues.

c) Résultats expérimentaux et discussion :

Les expériences du plan fractionnaire $2^{5-2}$ sont réalisées dans un ordre aléatoire (à l'exception des quatre points centraux). Un tel ordre permet de s'affranchir de facteurs non contrôlés qui pourraient affecter les résultats. Le tableau LVII montre la matrice d'expériences dans l'ordre conventionnel de YATES et les réponses correspondant à chaque expérience. L'ordre de réalisation des expériences est indiqué entre parenthèses dans la 1$^{ère}$ colonne.

| | $[Cd^{2+}]$ | pH | $nC_{10^-}$ /$nCd^{2+}$ | Temps d'addition | Temps de repos | $Y_{Ni}$ (%) | $Y_{Cd}$ (%) |
|---|---|---|---|---|---|---|---|
| Exp. | $X_1$ | $X_2$ | $X_3$ | $X_4$ | $X_5$ | | |
| 1 (9) | -1 | -1 | -1 | -1 | 1 | 99,7 | 74,0 |
| 2 (5) | 1 | -1 | -1 | 1 | -1 | 94,6 | 82,0 |
| 3 (10) | -1 | 1 | -1 | 1 | -1 | 97,8 | 97,7 |
| 4 (6) | 1 | 1 | -1 | -1 | 1 | 95,4 | 95,9 |
| 5 (4) | -1 | -1 | 1 | 1 | 1 | 98,9 | 61,2 |
| 6 (11) | 1 | -1 | 1 | -1 | -1 | 88,6 | 92,3 |
| 7 (8) | -1 | 1 | 1 | -1 | -1 | 99,2 | 92,1 |
| 8 (3) | 1 | 1 | 1 | 1 | 1 | 92,5 | 98,9 |
| PC1 (1) | 0 | 0 | 0 | 0 | 0 | 92,4 | 98,7 |
| PC2 (2) | 0 | 0 | 0 | 0 | 0 | 89,6 | 94,0 |
| PC3 (7) | 0 | 0 | 0 | 0 | 0 | 96,0 | 94,0 |
| PC4 (12) | 0 | 0 | 0 | 0 | 0 | 93,8 | 96,9 |

Tableau LVII : plans d'expériences $2^{5-2}$ en valeurs codées et réponses

Le choix du domaine expérimental apparaît judicieux car les valeurs obtenues sur les points centraux sont proches des objectifs fixés avec en moyenne 93 % du nickel qui reste en solution pour 95,9 % de cadmium précipité. L'expérience 3 donne les meilleurs résultats ($y_{Ni}$ = 97,8 % et $y_{Cd}$ = 97,7 %) et peut être considérée comme un optimum.

Les résultats obtenus sur les quatre points centraux sont similaires (l'écart maximum constaté est de 6 % sur le nickel et de 5 % sur le cadmium) et attestent de la reproductibilité des expériences. Aucune dérive n'est observée. Ces valeurs peuvent donc être utilisées pour déterminer l'intervalle de confiance de chaque contraste. Ce dernier est calculé en utilisant la loi de Student à partir de l'erreur standard des effets et de la valeur du paramètre t de Student pour une probabilité de 95 %. Les contrastes et leur intervalle de confiance sont présentés dans le tableau LVIII. Pour un facteur donné, le contraste est calculé par calcul matriciel entre la colonne correspondant au facteur dans la matrice d'expériences et la colonne de la réponse étudiée [Box, 1978]. Les contrastes calculés correspondent à l'influence d'un facteur simple et d'une ou plusieurs interactions entre deux facteurs: on dit alors que les effets et les interactions sont concomitants.

| Effets | $Y_{Ni}$ (%) | $Y_{Cd}$ (%) |
|---|---|---|
| Moyenne des expériences | 95,9 ± 1,9 | 86,8 ± 1,6 |
| $L_1 = 1 + 25$ | **-6,1 ± 3,8** | **11,0 ± 3,2** |
| $L_2 = 2 + 15$ | 0,8 ± 3,8 | **18,8 ± 3,2** |
| $L_3 = 3 + 45$ | -2,1 ± 3,8 | -1,3 ± 3,2 |
| $L_4 = 4 + 35$ | 0,2 ± 3,8 | **-3,6 ± 3,2** |
| $L_5 = 5 + 12 + 34$ | 1,6 ± 3,8 | **-8,5 ± 3,2** |
| $L_{13} = 13 + 24$ | -2,4 ± 3,8 | **7,9 ± 3,2** |
| $L_{23} = 23 + 14$ | 1,4 ± 3,8 | -0, 1 ± 3,2 |

**Tableau LVIII : valeurs des contrastes et intervalles de confiance respectifs**

L'étude des valeurs des contrastes permet de déterminer les facteurs influents. Un contraste est considéré comme statistiquement influent si zéro n'est pas inclus dans son intervalle de confiance. Les contrastes influents sont indiqués en gras dans le tableau LVIII. L'influence d'un contraste est d'abord déterminée pour chaque réponse indépendamment, puis une synthèse des différents résultats obtenus est réalisée.

- Analyse des réponses sur le pourcentage de nickel resté en solution :

Le plan d'expériences $2^{5-2}$ utilisé implique un modèle linéaire pour décrire l'influence des facteurs. La moyenne des points centraux (92,99 ± 4,27) et la moyenne des expériences (95,85 ± 1,9) présentent des valeurs similaires. Le modèle linéaire appliqué est donc valide.

Parmi les 7 contrastes calculés, seul le contraste $L_1$ est influent. Les contrastes $L_2$ et $L_5$ étant faibles, il est vraisemblable que les facteurs $X_2$ et $X_5$ soient peu influents. Dans ce cas, leur interaction $X_2X_5$ doit être faible. Ainsi, dans le contraste $L_1$, c'est le facteur $X_1$ qui est influent.

Lorsque le facteur $X_1$ passe de son niveau – à son niveau +, le pourcentage de nickel resté en solution diminue de 6,14 %. Les meilleurs résultats sont donc obtenus quand la concentration en cadmium est à son niveau – (expériences 1 et 3). Toutefois, pour des concentrations élevées en cadmium il est possible de garder 95 % du nickel initialement présent en solution (expérience 2 et 4).

Un meilleur rendement est obtenu pour un rapport Ni/Cd supérieur ou égal à 1. D'un point de vue industriel, il est difficile de contrôler ce rapport qui dépend de la composition des poudres d'électrodes et des rendements de lixiviation. Ceci n'est pas grave, car il a été montré par ce plan d'expériences que la séparation Ni – Cd était efficace pour un rapport Ni/Cd compris entre 0,7 et 2.

- Analyse des réponses sur le pourcentage de cadmium précipité :

La moyenne sur les points centraux (95,9 ± 3,6 %) et celle sur les expériences (86,76 ± 1,6 %) montrent une différence significative. Un modèle du second degré obtenu à partir d'un plan central composite ou d'un plan Box–Behnken serait plus approprié. Toutefois, les expériences 3 et 8 donnent respectivement 97,7 et 98,9 % de cadmium précipité. Les objectifs fixés semblent atteints. Il n'apparaît donc pas nécessaire de continuer cette étude dans ce sens. L'analyse des contrastes a donc été menée sur les résultats présentés dans le tableau LVIII.

Dans le cas de la réponse sur le cadmium, 5 contrastes paraissent être influents :

$$L_1 = 1 + 25 = 11,0$$
$$L_2 = 2 + 15 = 18,8$$
$$L_4 = 4 + 35 = -3,6$$
$$L_5 = 5 + 12 + 34 = -8,5$$
$$L_{13} = 13 + 24 = 7,9$$

Lorsqu'un contraste est considéré comme influent, au moins un élément du contraste est influent.

Les 5 contrastes influents font apparaître plusieurs ambiguïtés quant à l'analyse de ces résultats. D'un point de vue chimique, il paraît raisonnable d'estimer que le pH ($X_2$) est le facteur dominant dans la précipitation de $Cd(C_{10})_2$. Le facteur $X_1$ (concentration en cadmium) semble être l'autre facteur influent car il a été trouvé comme tel dans le cas de l'étude des réponses sur le nickel. Par conséquent, il est fort probable que l'interaction 12 (entre les deux facteurs $X_1$ et $X_2$) soit elle aussi influente. Cette interaction semble donc être responsable de la forte valeur observée pour le contraste $L_5$, préférentiellement au facteur $X_5$ (temps de repos du mélange après ajout) qui devrait avoir une influence plus faible.

Le contraste $L_3$ est très faible. Le facteur $X_3$ (rapport $nC_{10}^-/nCd^{2+}$) peut donc être considéré comme non influent. Dans ce cas, l'effet de l'interaction 35 est sans aucun doute minime et la valeur observée pour le contraste $L_4$ est uniquement due au facteur $X_4$ (temps d'addition du réactif). Les facteurs $X_2$ et $X_4$ étant influents, il est fort probable que la valeur du contraste $L_{13}$ soit due à l'influence de l'interaction 24, le facteur $X_2$ restant le facteur le plus influent.

En résumé, nous pouvons estimer que les facteurs $X_1$, $X_2$ et $X_4$ sont influents tout comme les interactions 12 et 24 qui doivent être analysées plus précisément. Pour ce faire, des schémas d'interaction (figure 53) sont réalisés à partir des données des 8 expériences menées précédemment sans les points centraux. Pour les deux facteurs en interaction, on calcule la moyenne des réponses correspondant aux essais ayant les mêmes niveaux pour ces deux facteurs. Ainsi pour 12 on obtient le tableau LIX suivant :

| 1 | 2 | essais | moyenne |
|---|---|---|---|
| - | - | 74,0 (1), 61,2 (5) | 67,6 |
| + | - | 82,0 (2), 92,3 (6) | 87,1 |
| - | + | 97,7 (3), 92,1 (7) | 94,9 |
| + | + | 95,9 (4), 98,9 (8) | 97,4 |

Tableau LIX : moyenne des réponses pour le schéma de l'interaction 12

Ces moyennes sont réparties sur les schémas d'interaction figure 53.

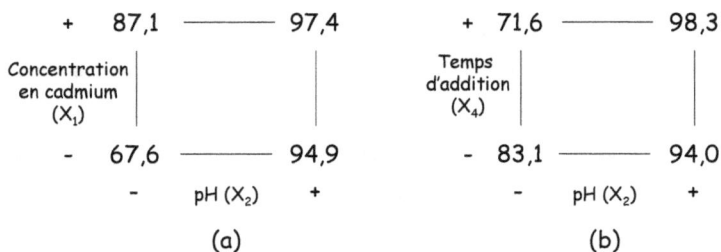

Figure 53 : schémas d'interaction (a) concentration en cadmium et pH, (b) temps d'addition et pH

Sur la figure 53a, l'interaction 12 est représentée. Le meilleur résultat est toujours obtenu quand le facteur $X_2$ est à son niveau +, i.e. pour un pH = 5,5. Dans ce cas, la concentration en cadmium a une importance mineure bien que les meilleurs résultats soient obtenus pour le niveau + de ce facteur.

De même, l'interaction 24 est présentée sur la figure 53b et là encore, les meilleurs résultats sont observés pour une valeur de pH de 5,5 ($X_2$ à son niveau +). Comme pour l'interaction 12, lorsque $X_2$ est à son niveau +, le deuxième facteur interagissant a une influence mineure. Et comme précédemment, on obtient toutefois une légère amélioration du rendement si le facteur $X_4$ (temps d'addition) est à son niveau + (2 h).

Pour un pH de 5,5, la précipitation du cadmium est quasiment totale (expériences 3, 4, 7 et 8). Le pourcentage de précipitation du cadmium est au minimum de 92,1 %. Ce résultat est amélioré si la concentration en cadmium et le temps d'addition sont à leur niveau +. L'expérience 8, qui correspond à ces conditions, voit 98,9 % du cadmium précipité.

♦ Synthèse des résultats et conditions optimales de séparation sélective :

Le tableau LX présente la synthèse des résultats sur les deux réponses déterminés précédemment.

| | | Niveau favorable pour maintenir le nickel en solution | Niveau favorable pour précipiter le cadmium | Niveau optimal |
|---|---|---|---|---|
| $X_1$ | [$Cd^{2+}$] | Non maîtrisable : dépendant de l'étape de lixiviation | | |
| $X_2$ | pH | Non influent [*] | + | + |
| $X_3$ | Rapport $nC_{10^-}$ /$nCd^{2+}$ | Non influent [*] | - | - |
| $X_4$ | Temps d'addition | Non influent [*] | + | + |
| $X_5$ | Temps de repos | Non influent [*] | Non influent [*] | - [**] |

Tableau LX : niveau favorable des différents facteurs ([*] dans le domaine étudié, [**] préférable d'un point de vue industriel)

Le niveau optimal a été défini pour tous les facteurs sauf pour le facteur $X_1$. Non maîtrisable il peut être soit au niveau +, soit au niveau -. Les conditions optimales des quatre autres facteurs ont été testées pour $X_1$ au niveau - (expérience 3) mais aucune expérience du plan ne correspond pour $X_1$ à son niveau +. Afin de vérifier la validité des niveaux optimaux sur la totalité du domaine de concentrations, 5 expériences supplémentaires ont été réalisées : 2 pour des concentrations en cadmium au niveau – (réplicas de l'expérience 3) et 3 pour des concentrations en cadmium maximales et dont les résultats sont présentés dans le tableau LXI.

| Exp. | $X_1$<br>$[Cd^{2+}]$ | $X_2$<br>pH | $X_3$<br>$nC_{10^-}$/$nCd^{2+}$ | $X_4$<br>Temps d'addition | $X_5$<br>Temps de repos | Réponses $Y_{Ni}$ (%) | $Y_{Cd}$ (%) |
|------|------|-----|-----|-----|-----|-----|-----|
| 3  | -1 | 1 | -1 | 1 | -1 | 97,8 | 97,7 |
| 9  | -1 | 1 | -1 | 1 | -1 | 95,4 | 97,9 |
| 10 | -1 | 1 | -1 | 1 | -1 | 95,1 | 96,3 |
| 11 | 1  | 1 | -1 | 1 | -1 | 95,2 | 99,2 |
| 12 | 1  | 1 | -1 | 1 | -1 | 95,0 | 99,3 |
| 13 | 1  | 1 | -1 | 1 | -1 | 93,6 | 98,8 |

**Tableau LXI : résultats des expériences complémentaires pour la validation des conditions optimales de la séparation sélective Ni – Cd**

Les résultats des 6 expériences montrent que la concentration en cadmium n'influe pas sur la séparation des deux cations. Il est possible de précipiter la quasi-totalité du cadmium tout en maintenant plus de 93 % du nickel en solution.

A partir de ces 6 expériences, on peut déterminer la composition moyenne de la solution de nickel et du gâteau de décanoate de cadmium obtenu après séparation. Ainsi à partir d'un mélange Cd – Ni synthétique, une solution pure de nickel à $4,78.10^{-2} \pm 0,4.10^{-2}$ mol.L$^{-1}$ contenant $6,88.10^{-4} \pm 6,5.10^{-4}$ mol.L$^{-1}$ de cadmium, soit une solution en nickel d'environ 2,8 g.L$^{-1}$ pour moins de 80 mg.L$^{-1}$ de cadmium est obtenue en une seule étape.

De même, le gâteau précipité contient 23,60 ± 2,9 % en masse de cadmium pour moins de 1 % de nickel (0,78 ± 0,7 % en masse). En raison de la masse molaire élevée du composé, le pourcentage de cadmium dans le gâteau est faible comparé à celui d'un hydroxyde de cadmium. De ce fait, ce dernier ne peut être utilisé sous cette forme dans la métallurgie du cadmium. Une étape de lixiviation à l'acide sulfurique est nécessaire [Péneliau, 2002]. L'anion $C_{10}^-$ est protoné donnant une solution concentrée de sulfate de cadmium en faible teneur en nickel et de l'acide décanoïque. Ce dernier, solide à température ambiante, flotte permettant sa récupération par une séparation solide – liquide aisée.

♦ Conclusion sur le plan d'expériences réalisé :

Les conditions optimales de la séparation sélective du nickel et du cadmium ont été déterminées à l'aide d'un plan d'expériences sur des mélanges synthétiques. Le but de ce plan d'expériences était de précipiter un maximum de cadmium en coprécipitant un minimum de nickel pour obtenir une solution pure en nickel et minimiser les pertes de ce métal à forte valeur commerciale. Les résultats ont montré que la quasi-totalité du cadmium pouvait être précipitée (jusqu'à 99 % du cadmium initialement présent en solution) tout en laissant plus de 93 % du nickel en solution ce qui amène à une solution en nickel de 2,80 g.L$^{-1}$ pour moins de 0,08 g.L$^{-1}$ en cadmium, c'est-à-dire contenant moins de 3 % en masse de cadmium.

Des cinq facteurs étudiés (concentration en cadmium, pH, rapport molaire $C_{10}^-/Cd^{2+}$, temps d'addition et temps de repos), le pH est celui qui influence le plus la séparation sélective et est considéré comme facteur dominant, ce qui est logique d'un point de vue chimique. Pour une séparation optimale, il doit être mis à son niveau plus soit un pH de précipitation de 5,5. Seul le facteur 5 n'est pas influent (temps de repos) ; ce facteur sera donc mis à son niveau – soit 1 heure. Le facteur $X_1$ n'étant pas maîtrisable d'un point de vue industriel, il n'a donc pas été déterminé d'optimum. Cependant les résultats de la séparation ont été validés pour $X_1$ au niveau + et – dans les expériences complémentaires. La séparation sélective est donc efficace sur l'ensemble du domaine de concentrations étudié.

Enfin les deux derniers facteurs sont influents mais dans une proportion moindre que le pH. Toutefois pour garantir une séparation maximale, le rapport molaire doit être mis à son niveau moins et le temps d'addition à son niveau +, soit un rapport de 2 et un temps d'addition de 2 heures.

Afin de valider de façon complète et définitive, cette nouvelle voie de séparation des mélanges $Ni^{2+}$ - $Cd^{2+}$, des essais sur lixiviats réels ont été réalisés.

### 3. Etude de la séparation Ni – Cd sur un déchet réel :

Le déchet réel est obtenu par la lixiviation acide des matériaux des électrodes contenues dans les batteries. Le déchet réel contient majoritairement du nickel et du cadmium, mais également du cobalt et du fer… Nous notons également la présence de manganèse et de zinc dans des proportions non négligeables. Ces deux éléments ne devraient pas être présents dans un tel type de déchet. Le broyage a été réalisé sur un broyeur alimenté par des piles alcalines et salines. Il est donc fort probable que la présence de ces deux cations dans le lixiviat de batterie soit due à une pollution. La composition exacte de ce déchet est donnée dans le tableau LXII, où les éléments y sont rangés par concentration décroissante. Le pH du déchet a été mesuré et est d'environ 4,0.

| Eléments | Concentration | Concentration |
|----------|---------------|---------------|
| Cd | 72,29 g.L$^{-1}$ | 1,39 mol.L$^{-1}$ |
| Ni | 45,92 g.L$^{-1}$ | 0,78 mol.L$^{-1}$ |
| Fe | 1,71 g.L$^{-1}$ | 0,03 mol.L$^{-1}$ |
| Co | 3,03 g.L$^{-1}$ | 0,05 mol.L$^{-1}$ |
| Mn | 1,47 g.L$^{-1}$ | 0,03 mol.L$^{-1}$ |
| Zn | 1,18 g.L$^{-1}$ | 0,02 mol.L$^{-1}$ |

**Tableau LXII : composition du déchet réel**

146

Actuellement la séparation du nickel et du cadmium présent dans ce lixiviat est réalisée par précipitation du cadmium par du carbonate de sodium. Cette séparation est réalisée avec un défaut de réactif précipitant pour obtenir un gâteau le plus pur possible, en raison du cahier des charges du repreneur. L'objectif de la séparation reste la valorisation conjointe du gâteau et du filtrat. Dans cette optique, les traitements par le carbonate de sodium et par le décanoate de sodium ont été testés sur ce lixiviat pour être comparé.

### a) Mode opératoire :

◆ Séparation par le carbonate de sodium :

Le protocole utilisé industriellement est le suivant : 250 L de lixiviat à environ 70 g.L$^{-1}$ en cadmium sont ajustés à un pH de 4 – 4,5 puis 15,7 kg de $Na_2CO_3$ mis en suspension dans 100 L d'eau sont ajoutés. Ce protocole a été adapté à l'échelle du laboratoire : pour chaque expérience, nous avons travaillé avec des volumes de 20 mL en déchet. Le pH étant d'environ 4,1, il n'y a pas besoin de l'ajuster. 1,33 g de carbonate de sodium mis en suspension dans 10 mL d'eau sont alors ajoutés. Le système est ensuite agité pendant 2 h à 400 tours.min$^{-1}$ puis filtré.

Pour permettre les différentes analyses en vue de comparer les différents rendements, le précipité est séché 24 h à 105 °C puis attaqué à l'acide sulfurique.

◆ Séparation par le décanoate de sodium :

Le lixiviat réel ne contient pas uniquement que du cadmium et du nickel, mais également d'autres cations tels que le zinc, le manganèse, le cobalt... Le plus gênant de ces cations est le zinc. Le décanoate de zinc étant plus insoluble que le décanoate de cadmium, il y aura coprécipitation du zinc et du cadmium lors de la précipitation. Il a donc été choisi de calculer la quantité nécessaire de décanoate en tenant compte des concentrations en cadmium et en zinc.

20 mL d'effluent réel sont amenés à un volume de 50 mL par ajout d'eau distillée puis ajustés à un pH de 5,5 par ajout de soude. 28,43 mL de $NaC_{10}$ (0,93 M) sont ensuite ajoutés en 2 heures. Le pH du système est maintenu à 5,5. Après l'étape de précipitation, le système est encore laissé sous pH statation durant 1 h. Durant toute l'expérience, le système est agité par un barreau aimanté à 400 tours.min$^{-1}$. A la fin de l'expérience, la pulpe est filtrée et lavée. Le solide obtenu est séché puis analysé.

♦ Résultats des deux protocoles de séparation :

L'expérience a été réalisée trois fois dans le cas de la séparation par le décanoate de sodium et deux fois pour la méthode de séparation utilisée industriellement. Les résultats des deux séparations sont donnés dans les tableaux LXIII et LXIV.

| N° manip | pH final | % Ni en solution | % Cd dans le solide |
|----------|----------|------------------|---------------------|
| 1 | 5,2 | 89,51 | 98,28 |
| 2 | 5,2 | 91,03 | 98,31 |
| 3 | 5,3 | 89,43 | 98,31 |
| moyenne | | 89,99 | 98,30 |

**Tableau LXIII : résultats de la séparation sélective Ni – Cd par le décanoate de sodium**

| N° manip | pH | % Ni en solution | % Cd dans le solide |
|----------|-----|------------------|---------------------|
| 1 | 4,0 | 94,68 | 92,81 |
| 2 | 4,1 | 94,03 | 94,10 |
| moyenne | | 94,36 | 93,45 |

**Tableau LXIV : résultats de la séparation Ni – Cd par le carbonate de sodium**

Les résultats obtenus avec l'utilisation du décanoate de sodium sont en bon accord avec le plan d'expériences dans le cas du cadmium mais sont légèrement en deçà pour le nickel (90 % de maintien en solution contre plus de 93 % dans le cas du plan d'expériences). Ceci est probablement du à l'étape de lavage qui doit être optimisée pour s'adapter à la quantité importante de $Cd(C_{10})_2$ formé.

Le traitement actuellement utilisé pour la séparation du nickel et du cadmium dans les lixiviats de batteries permet de précipiter 93 % du cadmium présent initialement en solution tout en maintenant 94 % du nickel en solution. Dans notre cas, le rendement sur le nickel est légèrement inférieur mais l'utilisation du décanoate de sodium permet de précipiter environ 5 % de cadmium de plus que le traitement actuellement mis en place industriellement. Dans les deux cas, le gâteau en cadmium est de qualité équivalente, toutefois l'utilisation du décanoate divise par plus de 2,5 le pourcentage massique de cadmium. Une solution pure de nickel à 7,7 $g.L^{-1}$ contenant 0,8 $g.L^{-1}$ de cadmium est obtenue en utilisant le carbonate. En utilisant le décanoate de sodium, la concentration en nickel s'élève à 8,7 $g.L^{-1}$ avec moins de 0,25 $g.L^{-1}$ de cadmium (en considérant un volume de solution identique dans les deux cas). Les rendements de séparation observés sont très proches quel que soit le réactif de précipitation utilisé. Le décanoate de sodium est donc potentiellement utilisable.

4. <u>Conclusion:</u>

Le diagramme de solubilité conditionnelle du cadmium et du nickel en solution laissait entrevoir la possibilité d'utiliser le décanoate de sodium comme réactif de précipitation sélective de ces deux cations. Après un essai préliminaire montrant des résultats satisfaisants sur la séparation, une étude complète de cette séparation a été menée.

Pour déterminer les facteurs influents sur la séparation sélective Ni – Cd par $NaC_{10}$, un plan d'expériences fractionnaire $2^{5-2}$ a été utilisé. Cinq facteurs ont été étudiés : la concentration en cadmium, le pH, le rapport molaire $C_{10}^-/Cd^{2+}$, le temps d'addition du réactif et le temps de repos du mélange après ajout.

S'il est apparu que le pH était le facteur dominant cette séparation sélective (ce qui est logique d'un point de vue chimique), la non influence du temps de repos et du rapport molaire $C_{10}^-/Cd^{2+}$ était moins évidente. D'un point de vue industriel et économique, ces deux facteurs sont mis à leur niveau -. La concentration en cadmium n'est pas un facteur industriellement maîtrisable. Toutefois son étude a permis de valider les conclusions tirées sur l'ensemble du domaine étudié. Enfin, le temps d'addition du réactif et le pH surtout doivent être à leur niveau + pour garantir la meilleure sélectivité soit un temps d'addition de 2h et un pH de précipitation de 5,5. Ces conditions permettent de précipiter la quasi-totalité du cadmium tout en maintenant plus de 93 % du nickel initialement présent en solution.

Le passage au traitement d'un lixiviat réel a été réalisé avec succès permettant la précipitation de plus de 98 % du cadmium tout en maintenant 90 % du nickel en solution. La séparation sélective par le décanoate de sodium donne des résultats similaires à celle réalisée par le carbonate de sodium utilisé industriellement. Toutefois, l'utilisation de ce réactif divise par plus de 2,5 le pourcentage massique du gâteau en cadmium. En partant de 20 mL d'une solution $[Ni^{2+}] = 45,92$ g.L$^{-1}$ et $[Cd^{2+}] = 72,29$ g.L$^{-1}$, on obtient une solution de $Ni^{2+}$ à environ 8 g.L$^{-1}$ contenant moins de 0,25 g.L$^{-1}$ de cadmium et un précipité de $Cd(C_{10})_2$ contenant en masse 20,29 % de cadmium et moins de 1,5 % de nickel. Les rendements obtenus sont proches de ceux obtenus par précipitation aux carbonates. L'avantage majeur de l'utilisation du décanoate de sodium réside dans la possibilité de pouvoir recycler le réactif de précipitation. En effet, l'attaque acide d'un gâteau de décanoate de cadmium conduit à une solution de cadmium contenant de l'acide décanoique. Ce dernier est facilement récupérable par simple filtration car il est solide à température ambiante et réutilisable comme réactif de précipitation.

# D. Utilisation d'un réactif de précipitation sélective solide : le décanoate de calcium

Nous avons montré précédemment que l'utilisation du décanoate de sodium pour séparer sélectivement deux cations métalliques en solution était possible. Testé sur un mélange cadmium – nickel synthétique puis sur un lixiviat réel, il a prouvé son efficacité. L'inconvénient majeur dans l'utilisation de ce réactif est sa concentration en solution. Le décanoate de sodium possède une concentration maximale de 1,53 mol.L$^{-1}$ dans l'eau à 25 °C [Péneliau, 2003]. Les séparations sélectives de solutions concentrées nécessitent l'ajout de gros volumes de réactif ce qui entraîne des dilutions importantes des filtrats. Les solutions métalliques obtenues sont moins concentrées ce qui pénalise la suite du traitement. Nous avons donc orienté nos travaux dans la recherche d'un décanoate solide qui permettrait de réaliser tout autant la séparation de cations métalliques divalents en solution. Notre choix s'est porté sur le décanoate de calcium.

Ce composé qui devrait avoir une solubilité parmi les plus élevées des composés étudiés dans ce manuscrit, peut être utilisé pour précipiter les cations qui forment les composés les plus insolubles par déplacement de l'équilibre chimique suivant:

$$Ca(C_{10})_{2\,(s)} + M^{2+} \rightleftarrows M(C_{10})_{2\,(s)} + Ca^{2+}$$

La synthèse du décanoate de calcium et sa caractérisation (analyse chimique, diffractogramme et solubilité) seront étudiées dans une première partie. Une seconde partie présentera l'étude d'une méthode de synthèse adaptable à l'échelle industrielle. Enfin la dernière partie de ce chapitre sera dévolue à l'étude de l'utilisation de ce composé pour la séparation sélective sur une solution synthétique.

1. Caractérisation du décanoate de calcium

Avant de démontrer la possibilité d'utiliser le décanoate de calcium comme réactif de précipitation sélective, la caractérisation du solide obtenu est nécessaire. Comme pour les carboxylates métalliques, elle se fait en trois étapes : analyse chimique, DRX et solubilité.

a) Synthèse et caractérisation solide du décanoate de calcium formé :

Cette synthèse n'est pas celle envisagée pour une possible utilisation industrielle mais elle permet d'obtenir de façon sûre le composé souhaité.

Les solutions de calcium sont préparées à partir de chlorure de calcium di hydraté, $CaCl_2,2H_2O$ : Acros Organics – pureté > 99% - MM = 147,02 g.mol$^{-1}$. La synthèse du décanoate de calcium se fait par ajout d'une solution de décanoate de sodium à une solution de chlorure de calcium. La formation d'un précipité blanc est observée. Le mélange est ensuite filtré et le solide est lavé trois fois dans 100 mL d'eau pure avant d'être mis à sécher dans un dessiccateur durant 24 h.

L'analyse chimique est réalisée sur le composé sec. Le pourcentage massique du calcium dans le solide est de 9,62 %. Il est de 10,47 % dans $Ca(C_{10})_2$. Nous pouvons donc conclure que le composé formé est bien du décanoate de calcium. Le diffractogramme du produit obtenu est présenté figure 54 et les pics caractéristiques sont recensés dans le tableau LXV.

Comme pour les décanoates métalliques, nous pouvons distinguer le pic caractéristique des carboxylates aux alentours de 10 Å qui découle de la structure en feuillet de ce type de composé.

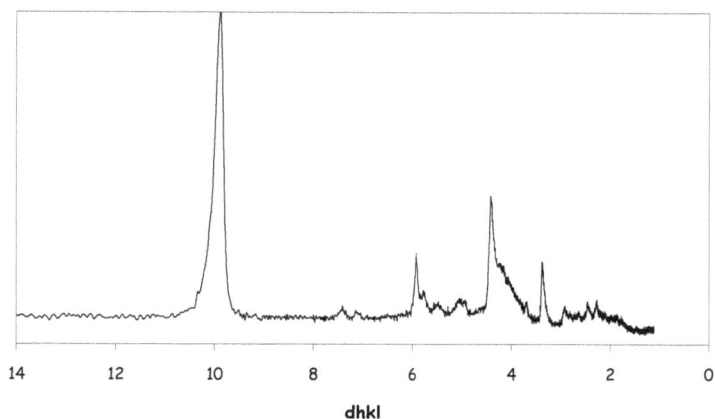

Figure 54 : diffractogramme du décanoate de calcium obtenu par voie de synthèse classique

| 2Theta | dspacing | I(%) | 2Theta | dspacing | I(%) |
|--------|----------|------|--------|----------|------|
| 10,3363 | 9,92965 | 93,1 | 23,6254 | 4,36929 | 100 |
| 13,8529 | 7,41699 | 2,6 | 28,0302 | 3,69337 | 2,9 |
| 14,448 | 7,11301 | 1,4 | 30,9021 | 3,35736 | 33,6 |
| 17,3859 | 5,91804 | 18,8 | 35,9094 | 2,90157 | 13,8 |
| 17,855 | 5,76379 | 12 | 42,8602 | 2,4481 | 24,7 |
| 18,7949 | 5,47796 | 6,2 | 46,4158 | 2,26978 | 28,1 |
| 20,5011 | 5,02633 | 11,7 | | | |

Tableau LXV : valeurs des distances réticulaires des raies de Ca(C₁₀)₂

b) Solubilité du décanoate de calcium :

Le mode opératoire est le même que dans le chapitre I pour la détermination des solubilités des carboxylates métalliques divalents. 5 mesures de solubilité ont été réalisées.

Les résultats expérimentaux et les calculs de produit de solubilité sont présentés dans le tableau LXVI.

| Solubilité mesurée (mol.L$^{-1}$) | $6,74.10^{-4} \pm 0,01.10^{-4}$ |
|---|---|
| pH | 5,42 |
| Force ionique (mol.L$^{-1}$) | $1,94.10^{-3}$ |
| $\gamma_M$ | 0,82 |
| $\gamma_{C10}$ | 0,95 |
| $K_{sp}^{cond}$ | $5,88.10^{-10}$ |
| $K_{sp}$ | $4,61.10^{-10}$ |
| $pK_{sp}$ | 9,34 |

Tableau LXVI : solubilité et produit de solubilité du décanoate de calcium

Le diagramme de solubilité du décanoate de calcium a été établi en tenant compte de la possible formation d'hydroxyde de calcium. La courbe obtenue est ajoutée à celles des décanoates métalliques et est présentée sur la figure 55. Contrairement aux métaux divalents, le calcium ne présente pas de « frontière » décanoate/hydroxyde. Sa forme décanoate est la plus insoluble quel que soit le pH de précipitation.

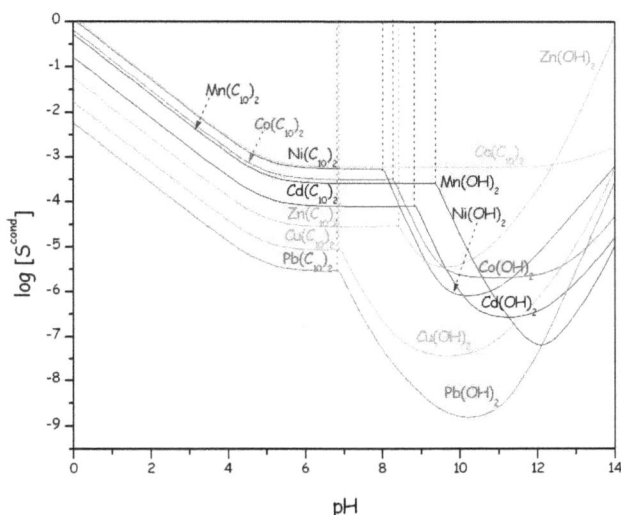

**Figure 55 : diagramme de solubilité de tous les décanoates divalents étudiés**

Sa solubilité est comparable au décanoate métallique les plus solubles tels que le nickel, le cobalt ou le manganèse avec lesquels aucun déplacement d'équilibre ne sera réalisable. Il ne sera pas possible de précipiter du cobalt, du nickel ou du manganèse avec ce réactif. Par contre, la possibilité de précipiter sélectivement du cadmium ou du cuivre est probable et doit être étudiée expérimentalement.

## 2. Méthode de synthèse de Ca(C$_{10}$)$_2$ :

L'inconvénient majeur de l'utilisation de décanoate de sodium ne vient pas du composé lui-même mais de son mode de synthèse. En effet, pour obtenir du décanoate de sodium, il faut neutraliser l'acide décanoique par de la soude. Or, la soude est un produit cher (une tonne de lessive de soude à 30,5 % coûte environ 180 €). D'un point de vue industriel, le décanoate de calcium peut être obtenu directement par mélange direct de chaux et d'acide décanoique en suspension.

Dans un bécher, on introduit 1,23 g de CaO que l'on met en suspension dans 50 mL d'eau pure puis on ajoute 7,50 g de HC$_{10}$. Le mélange est laissé sous agitation (400 tours.min$^{-1}$) durant 24 h puis est lavé 4 fois dans 150 mL d'eau pure. Le solide est ensuite séché 24 h à 105 °C.

L'attaque acide du composé donne un pourcentage massique en calcium de 9,04 %. Le taux de calcium théoriquement présent dans Ca(C$_{10}$)$_2$ est de 10,47 %. Le composé peut donc être supposé comme étant du décanoate de calcium.

Une analyse par diffraction des rayons X est réalisée sur le composé sec. Les diffractogrammes des Ca(C$_{10}$)$_2$ obtenus par les deux modes de synthèse et de HC$_{10}$ sont présentés figure 56 pour être comparés. Sur la figure 56, Ca(C$_{10}$)$_2$ chaux correspond au diffractogramme du décanoate de calcium obtenu par le mélange de chaux et d'acide décanoïque en suspension et Ca(C$_{10}$)$_2$ calcium correspond au diffractogramme du composé obtenu par addition de décanoate de sodium dans une solution de calcium.

Aucun des pics de l'acide décanoïque ne se retrouve dans les diffractogrammes des décanoates de calcium qui sont similaires entre eux. Si la réaction n'a pas été totale, l'acide décanoïque et la chaux n'ayant pas réagi sont des composés minoritaires du composé. Les diffractogrammes des deux décanoates de calcium sont similaires. Le mode de synthèse qui consiste à mélanger directement CaO et HC$_{10}$ conduit bien à la formation de Ca(C$_{10}$)$_2$.

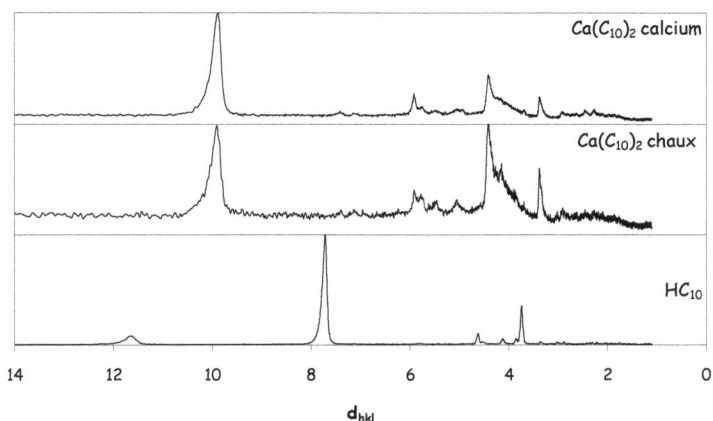

**Figure 56 : comparaison des diffractogrammes de l'acide décanoïque et des décanoates de calcium obtenus par les deux voies de synthèse présentées**

Si les composés sont les mêmes, leur solubilité doivent être identiques. Une détermination de la solubilité de $Ca(C_{10})_2$ obtenu par mélange de CaO et $HC_{10}$ a donc été réalisée comme pour $Ca(C_{10})_2$ obtenu par mélange calcium – décanoate de sodium. L'expérience a été réalisée quatre fois. Les résultats sont donnés dans le tableau LXVII.

| Solubilité mesurée (mol.L$^{-1}$) | $5,80.10^{-4} \pm 0,01.10^{-4}$ |
|---|---|
| pH | 5,42 |
| $K_{sp}$ | $3,37.10^{-10}$ |
| $pK_{sp}$ | 9,47 |

**Tableau LXVII : solubilité et produit de solubilité du décanoate de calcium obtenu par mélange direct de CaO et $HC_{10}$**

Le produit de solubilité du décanoate de calcium obtenu par mélange direct de chaux et d'acide décanoïque est très proche de celui du décanoate de calcium ($4,61.10^{-10}$ mol.L$^{-1}$ ce qui donne un $pK_{sp}$ de 9,34) obtenu par mélange de décanoate de sodium avec une solution de chlorure de calcium.

157

3.  Utilisation du décanoate de calcium en tant que réactif de précipitation sélective:

Le principe de séparation sélective en utilisant du décanoate de calcium repose sur les déplacements d'équilibre chimique. Le pKs des différents carboxylates permet de classer les décanoates métalliques dans l'ordre croissant de solubilité : $Pb(C_{10})_2 > Cu(C_{10})_2 > Zn(C_{10})_2 > Cd(C_{10})_2 > Mn(C_{10})_2 > Co(C_{10})_2 > Ca(C_{10})_2$. L'ajout de décanoate de calcium à une solution d'un cation métallique formant un décanoate plus insoluble, peut engendrer un déplacement de l'équilibre chimique de la solution. La réaction d'échange qui s'opère est alors la suivante :

$$Ca(C_{10})_{2\,(s)} + M^{2+} \rightleftarrows M(C_{10})_{2\,(s)} + Ca^{2+}$$

L'intérêt d'utiliser le décanoate de calcium est double. Solide, il n'entraîne pas de dilution de l'effluent à traiter et permet ainsi d'obtenir des solutions cationiques plus concentrées et donc plus avantageuses à valoriser d'un point de vue économique. Son coût de production est moins élevé que celui du décanoate de sodium.

La séparation de cations divalents a été réalisée sur deux mélanges synthétiques représentatifs de déchets réels : Cu/Zn qui correspond à un bain de laitonnage usé et Cd/Ni (lixiviat de batteries) pour comparaison avec le traitement par le décanoate de sodium. Les différences de solubilité entre ces deux cations et le calcium sont assez importantes pour permettre un échange $M^{2+}/Ca^{2+}$. L'étude de séparation a été menée en deux étapes. Tout d'abord une première étape où les séparations ont été réalisées sans contrôle du pH puis une deuxième étape où les séparations ont été réalisées sous contrôle et maintien du pH à sa valeur initiale.

Une étude préliminaire a montré que l'échange cuivre/calcium était réalisé à 98 % lorsque du décanoate de calcium était ajouté à une solution de cuivre seule dans les conditions stœchiométriques. Ce résultat permet d'envisager une séparation par le décanoate de calcium, le déplacement de l'équilibre chimique étant quantitatif.

a) Séparation sans contrôle du pH :

Les séparations sans contrôle du pH ont été réalisées sur 3 mélanges synthétiques équimolaires. 2 mélanges Cu/Zn ont été étudiés, un en milieu sulfate, l'autre en milieu chlorure. Parallèlement, une étude sur un mélange Cd/Ni en milieu sulfate a été menée pour comparer les résultats avec ceux de la séparation par le décanoate de sodium. Les bains industriels sont généralement des bains sulfates. L'utilisation du calcium peut présenter un inconvénient car une fois libéré en solution, ce dernier précipite avec les ions sulfates pour donner du sulfate de calcium $CaSO_4$ solide. En effet, ce sel de calcium présente une solubilité dans l'eau à température ambiante d'environ 2 g.L$^{-1}$. Ce n'est pas le cas dans les expériences présentées ici car les quantités utilisées sont assez faibles pour qu'on n'atteigne pas la limite de solubilité du sulfate de calcium. Toutefois pour la séparation Cu/Zn, les deux milieux sulfates et chlorures ont été étudiés.

◆ Mode opératoire :

Dans un bécher, un mélange équimolaire des deux cations à séparer est réalisé. Après mesure du pH initial de la solution, le décanoate de calcium est ajouté en quantité suffisante pour précipiter la totalité du cation le plus insoluble, sans excès. Le mélange est ensuite laissé sous agitation (400 tours.min$^{-1}$) deux heures durant. La pulpe est enfin filtrée et un lavage de deux heures dans 50 mL d'eau est effectué. Le solide obtenu est mis à sécher 24 h à 105 °C puis analysé. Les conditions opératoires de chaque mélange testé sont récapitulées dans le tableau LXVIII.

| mélange $M_1$ - $M_2$ | Cu - Zn chlorure | Cu - Zn sulfate | Cd - Ni |
|---|---|---|---|
| nombre de moles $M_1$ | $2{,}61.10^{-03}$ | $2{,}00.10^{-03}$ | $2{,}00.10^{-03}$ |
| nombre de moles $M_2$ | $2{,}90.10^{-03}$ | $2{,}00.10^{-03}$ | $2{,}00.10^{-03}$ |
| masse $Ca(C_{10})_2$ | $1{,}00$ g | $0{,}79$ g | $0{,}78$ g |
| pH initial | 2,9 | 4,5 | 5,1 |

Tableau LXVIII : conditions opératoires des séparations sélectives utilisant $Ca(C_{10})_2$

* Résultats et discussion :

Les résultats des analyses sont donnés dans le tableau LXIX en nombre de moles et en pourcentages molaires dans le tableau LXX. Pour chaque dosage, les résultats sur le filtrat et sur l'eau de lavage ont été sommés dans un seul et même résultat. Les résultats sont exprimés en nombre de moles.

| mélange $M_1$ - $M_2$ | | Cu - Zn chlorure | Cu - Zn sulfate | Cd - Ni sulfate |
|---|---|---|---|---|
| nombre de moles dans le filtrat | $M_2$ | $2{,}89.10^{-03}$ | $1{,}92.10^{-03}$ | $2{,}00.10^{-03}$ |
| | Ca | $2{,}50.10^{-03}$ | $1{,}77.10^{-03}$ | $1{,}64.10^{-03}$ |
| | $M_1$ | $0{,}59.10^{-03}$ | $0{,}51.10^{-03}$ | $0{,}59.10^{-03}$ |
| nombre de moles dans le solide | $M_2$ | $0{,}04.10^{-03}$ | $0{,}12.10^{-03}$ | $0{,}01.10^{-03}$ |
| | Ca | $0{,}11.10^{-03}$ | $0{,}28.10^{-03}$ | $0{,}39.10^{-03}$ |
| | $M_1$ | $2{,}01.10^{-03}$ | $1{,}47.10^{-03}$ | $1{,}41.10^{-03}$ |

Tableau LXIX : résultats des séparations sélectives réalisées avec le décanoate de calcium

| mélange $M_1/M_2$ | Cu/Zn chlorure | Cu/Zn sulfate | Cd/Ni sulfate |
|---|---|---|---|
| % $M_2$ dans le filtrat | 99,8 | 94,3 | 99,9 |
| %Ca dans le filtrat | 95,9 | 86,3 | 81,0 |
| % $M_1$ dans le solide | 77,9 | 74,4 | 70,2 |

Tableau LXX : résultats des séparations sélectives en pourcentage molaire

Tout d'abord, la séparation permet de laisser plus de 94 % de zinc en solution dans le cas du mélange Cu - Zn en milieu sulfate et plus de 99 % de zinc et de nickel dans le cas des deux autres mélanges.

Ensuite, plus de 70 % du cadmium est précipité dans le cas de la séparation du mélange Cd – Ni, 77 % du cuivre est sous forme de décanoate dans le cas d'une séparation réalisée en milieu chlorure et plus de 74 % pour la séparation réalisée en milieu sulfate. Ces faibles rendements peuvent être expliqués par les pH initiaux observés. En effet, les deux mélanges Cu – Zn présentent des pH de 2,9 pour le milieu chlorure et 4,5 pour le milieu sulfate. Nous ne nous sommes pas placés dans une gamme de pH optimal pour la séparation des deux cations.

Enfin, l'étude sur le calcium montre que ce dernier est majoritairement passé en solution pour la séparation Cu – Zn réalisée en milieu chlorure. Pour les expériences réalisées en milieu sulfate, 20 % du calcium initial est encore présent dans le solide. On peut noter qu'il y a moins de calcium dans le solide que de cation métallique le plus insoluble (Cu ou Cd) qui reste en solution. Une analyse par DRX a montré que le calcium contenu dans les gâteaux était sous forme décanoate. Les diffractogrammes n'ont pas montré la présence de sulfate de calcium.

Dans notre cas, étant donné les rendements de précipitation de $M_1$, il est difficile de valoriser la solution contenant $M_2$. Dans les solides, de la forme $M_1(C_{10})_2$, il n'y a pas ou très peu de coprécipitation du cation $M_2$ (Zn ou Ni). Toutefois, l'échange est incomplet et il reste du décanoate de calcium dans les solides. Les solides pourraient être valorisés si le calcium n'est pas un élément gênant.

Afin d'améliorer les rendements de précipitation du cation le plus insoluble et améliorer le rendement de l'échange de cations par déplacement de l'équilibre chimique, deux nouvelles expériences ont été réalisées à pH régulé.

b) Séparation à pH contrôlé :

Les expériences sont réalisées comme précédemment à la différence que le pH est contrôlé durant la totalité de la séparation. Une fois le mélange de cation en solution réalisé, le pH est mesuré et ajusté à un pH plus favorable à la séparation des deux cations. Ainsi un pH de 5,5 a été choisi pour le mélange Cd/Ni (pH optimal dans les expériences avec le décanoate de sodium) et la séparation du mélange Cu/Zn sera réalisé à un pH de 4,0. Le tableau LXXI récapitule les conditions expérimentales de chaque expérience.

Les mélanges de cations, une fois réalisés, sont mis sous agitation (400 tours.min$^{-1}$) pendant deux heures afin que le déplacement chimique puisse être complet. La pulpe est ensuite filtrée et lavée. Le solide obtenu est mis à sécher 24 h à 105 °C avant d'être analysé.

| mélange $M_1$ - $M_2$ | Cu - Zn chlorure | Cd - Ni sulfate |
|---|---|---|
| nombre de moles $M_1$ | $2,00.10^{-03}$ | $2,00.10^{-03}$ |
| nombre de moles $M_2$ | $2,00.10^{-03}$ | $2,00.10^{-03}$ |
| masse $Ca(C_{10})_2$ | 0,79 g | 0,77 g |
| pH initial | 4,0 | 5,5 |

Tableau LXXI : conditions opératoires des séparations par $Ca(C_{10})_2$ à pH régulé

Pour le mélange Cu - Zn, seul le mélange en milieu chlorure a été réalisé car il présentait les meilleurs résultats de séparation avec pourtant un pH initial très faible (2,9). Le tableau LXXII donne les résultats obtenus pour les deux séparations réalisées à pH contrôlé. Le calcium n'a pas été dosé pour le mélange Cd - Ni. Le calcium qui ne réagit pas est sous forme de décanoate dans le solide.

| mélange M₁ - M₂ | Cu - Zn chlorure | Cd - Ni sulfate |
|---|---|---|
| pH final | 3,4 | 5,1 |
| % M₂ dans le filtrat | 97,23 | 99,72 |
| %Ca dans le filtrat | 81,09 | Non dosé |
| % M₁ dans le solide | 73,71 | 73,14 |

**Tableau LXXII : résultats obtenus pour les séparations par Ca(C₁₀)₂ sous pH régulé**

Nous pouvons voir que les résultats de séparation n'ont pas été améliorés par rapport aux expériences initiales. Dans le cas du mélange Cd - Ni, le pH final de la pulpe est identique au pH initial du mélange de cations dans l'expérience précédente. Le cation le plus soluble (Zn ou Ni) est quasiment totalement maintenu en solution, comme précédemment. Par contre, l'échange entre le calcium et le cation le plus insoluble (Cu ou Cd) n'est pas total. Plus de 25 % du cation initialement présent reste en solution et plus de 20 % du calcium est toujours présent dans le solide. Deux explications peuvent être envisagées : soit la cinétique de réaction n'est pas assez longue, soit le décanoate de calcium ne présente pas une granulométrie assez fine pour permettre un échange complet avec le cuivre ou le cadmium. Si l'on considère le décanoate de calcium comme un ensemble de sphères pleines, l'échange entre le calcium et le cation se fait sur la surface de la sphère. L'échange s'opérant en surface, le calcium contenu à l'intérieur de la sphère ne peut réagir. Le solide obtenu est ainsi un mélange Cu(C₁₀)₂/Ca(C₁₀)₂ ou Cd(C₁₀)₂/Ca(C₁₀)₂.

Pour améliorer les rendements de séparation, une idée est de jouer sur la granulométrie du décanoate de calcium. Un broyage au broyeur planétaire de Ca(C₁₀)₂ a été tenté. L'échauffement, produit à l'intérieur des jarres, fait fondre le composé qui est de ce fait compact. L'effet obtenu étant l'effet inverse à celui recherché, l'étude n'a pas été poursuivie.

4. <u>Conclusion :</u>

Une méthode alternative pour la séparation de métaux en solution est la possibilité d'utiliser le décanoate de calcium. Ce réactif présente l'avantage d'être solide (ce qui n'entraîne pas de dilution des effluents traités) et peut être obtenu par une voie de synthèse directe ne nécessitant pas l'utilisation de soude. Cette voie de synthèse est un mélange direct entre la chaux $Ca(OH)_2$ et l'acide décanoique. L'analyse chimique du précipité et l'analyse sur solide ont montré que cette voie de synthèse conduisait bien à la formation du décanoate de calcium $Ca(C_{10})_2$.

Plus soluble que la majorité des décanoates métalliques divalents étudiés dans ces travaux de recherche, ce composé a été utilisé pour la séparation sélective d'un mélange binaire de cations métalliques. Deux mélanges synthétiques ont été choisis : Cu/Zn qui simule les bains de laitonnage usagés et Cd/Ni représentatif des lixiviats de batteries pour permettre une comparaison avec la séparation par le décanoate de sodium. Les expériences ont été réalisées sans contrôle de pH et ont montré que seulement 70 % du cation à abattre (Cu ou Cd) initialement présent était précipité alors que la quasi-totalité du cation à maintenir en solution y restait. Le contrôle du pH n'a pas permis d'améliorer les résultats obtenus. L'analyse du solide a montré que du calcium était encore présent dans le solide. Le calcium y est présent sous forme de décanoate majoritairement.

## E. Traitement d'effluents industriels :

Cette partie aborde la mise en place du traitement d'un effluent industriel par précipitation en utilisant le décanoate de sodium, mais également la potentialité et l'efficacité de l'utilisation de décanoate de sodium pour traiter des effluents contenant du fer (+II ou +III) ou du chrome(III).

## 1. Mise en place du traitement d'une lixiviat ou d'un déchet liquide par précipitation sélective:

Le traitement de précipitation sélective envisageable à échelle industrielle est présenté sur le synoptique de la figure 57.

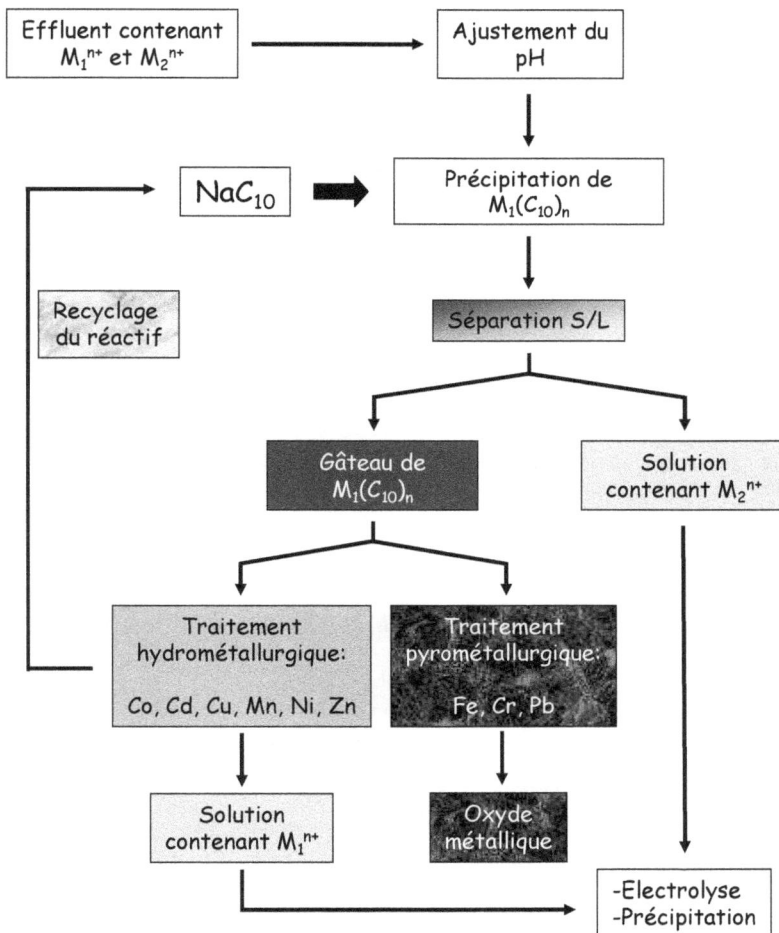

**Figure 57 : procédé de traitement des déchets industriels liquides et des lixiviats par le décanoate de sodium**

Après ajustement du pH, le cation métallique $M_1^{n+}$ est précipité sélectivement par addition de décanoate de sodium à 1 mol.$L^{-1}$.

La séparation solide/liquide est aisée en raison du caractère hydrophobe des précipités. Elle conduit à l'obtention d'un gâteau de filtration $M_1(C_{10})_n$ pour lequel deux traitements sont possibles.

La voie préférentielle de traitement est la voie hydrométallurgique qui conviendra aux cations métalliques tels que $Co^{2+}$, $Cd^{2+}$, $Cu^{2+}$, $Mn^{2+}$, $Ni^{2+}$ et $Zn^{2+}$. Elle consiste à lixivier le décanoate métallique à l'aide d'une solution d'acide sulfurique $H_2SO_4$ conduisant à l'obtention d'une solution de sulfate métallique et au recyclage de l'acide décanoïque, solide à température ambiante et très peu soluble dans l'eau ($8,71.10^{-4}$ mol.$L^{-1}$ à 20 °C [Péneliau, 2003]).

Dans le cas du plomb, du fer et du chrome, les décanoates sont trop insolubles pour que la lixiviation acide puisse être réalisée dans des conditions douces. Ces composés seront donc traités par voie pyrométallurgique, c'est-à-dire calcinés à des températures inférieures à 500 °C pour obtenir soit des oxydes métalliques soit éventuellement des carbonates.

La récupération des cations $M_2^{n+}$ dans les filtrats et des cations $M_1^{n+}$ dans les lixiviats sulfuriques peut être réalisée par différents procédés, en fonction de la pureté des solutions, de la nature du cation et du cahier des charges des potentiels repreneurs. L'électrolyse est envisageable sur site pour $Co^{2+}$, $Cd^{2+}$, $Cu^{2+}$, $Ni^{2+}$ et $Zn^{2+}$. La précipitation d'hydroxyde ($Zn^{2+}$) ou de carbonates ($Cd^{2+}$ et $Mn^{2+}$) est également une voie de récupération potentielle.

## 2. Cas des effluents contenant du fer[III] :

Ce cation se retrouve par exemple dans les bains de décapage des aciers inox ou dans les lixiviats des calcinâts provenant du grillage de concentrés miniers de sulfure de zinc.

Nous avons vu dans l'étude du décanoate de fer qu'il n'a pas été possible de former $Fe(C_{10})_3$ et donc de déterminer sa solubilité et de tracer son diagramme de solubilité. Toutefois, nous sommes parvenus à déterminer la nature du composé formé qui s'est avéré être un hydroxydécanoate de fer de la forme $Fe(C_{10})_{2,5}(OH)_{0,5}$. Nous ne disposons pas de données sur le décanoate de fer mais nous avons tout de même une mesure de solubilité ponctuelle pour $Fe(C_{10})_{2,5}(OH)_{0,5}$. Si nous utilisons du décanoate de sodium pour déferriser une solution contenant du fer[III] il est fort probable que le composé formé soit également un hydroxydécanoate.

La figure 58 présente le diagramme de solubilité des décanoates métalliques divalents sur lequel nous avons ajouté la mesure ponctuelle de solubilité correspondant à $Fe(C_{10})_{2,5}(OH)_{0,5}$ sous forme d'étoile.

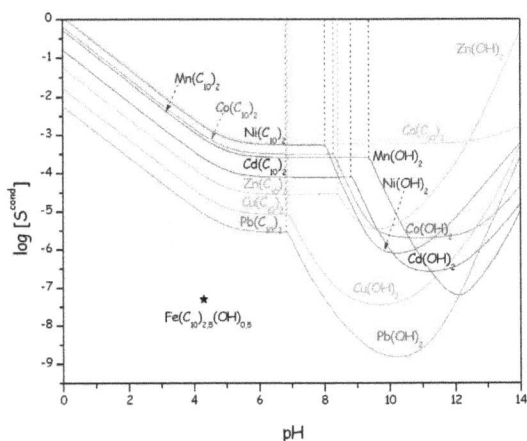

**Figure 58 : diagramme de solubilité des décanoates métalliques contenant la donnée mesurée pour $Fe(C_{10})_{2,5}(OH)_{0,5}$.**

Nous pouvons voir que l'hydroxydécanoate de fer est bien plus insoluble que les différents décanoates métalliques étudiés ici. Deux cas sont donc à distinguer dans le traitement des effluents industriels contenant du fer[III].

- s'il est en faible concentration, la déferrisation de la solution sera extrêmement efficace [Péneliau, 2003].

- s'il est en forte concentration, l'utilisation de décanoate de sodium ne sera pas adapté pour traiter ce déchet ne serait ce que d'un point de vue économique. Le fer ne possède pas une assez forte valeur marchande pour compenser le coût de l'emploi du décanoate de sodium.

### 3. Cas des effluents contenant du fer[II] :

Le fer[II] est notamment présent dans les bains de décapage chlorhydrique où il se retrouve fréquemment avec du zinc mais également dans divers lixiviats en concentrations variables.

La formation du décanoate de fer[II] n'est possible que sous atmosphère contrôlée. De ce fait, il n'a pas été possible de déterminer la solubilité de $Fe(C_{10})_2$. Au contact de l'air, il s'oxyde rapidement pour donner un composé de couleur brune. Si nous n'avons pu obtenir aucune donnée sur le décanoate ferreux, nous disposons de la mesure ponctuelle de solubilité de l'hydroxydécanoate ferrique $Fe(C_{10})_{2,5}(OH)_{0,5}$. Pour traiter les solutions contenant du fer[II], il suffira donc de réaliser au préalable une oxydation de ce fer sous sa forme (+III). Le même problème que pour les effluents contenant du fer[III] se posera alors pour le traitement d'un tel déchet.

### 4. Cas des effluents contenant du chrome[III] :

Comme le fer[III], le chrome[III] est également un élément présent dans les bains de décapage des aciers inoxydables.

L'étude du décanoate de chrome a montré que quel que soit le pH de formation du composé, les composés formés présentaient toujours un aspect gélatineux et collant. Il n'a donc pas été possible d'obtenir de données thermodynamiques sur cette famille de composé. Les problèmes de génie chimique que pourrait causer les caractéristiques des solides obtenus laissent présager que le décanoate de sodium n'est pas envisageable pour le traitement de déchets contenant du chrome trivalent.

## F. Comportement des mélanges ternaires Pb – C$_9$ – C$_{10}$ :

Dans ce chapitre, nous avons démontré la possibilité d'utiliser le décanoate de sodium ou de calcium dans la séparation sélective de métaux en solution, notamment pour des mélanges binaires de métaux. Ces composés sont surtout utilisés pour la valorisation de métaux en solution et ne consiste pas en une technique de dépollution des eaux résiduaires par exemple. En effet, les décanoates métalliques ne sont pas suffisamment insolubles comparés, par exemple, aux hydroxydes. Ils ne permettent donc pas d'atteindre les normes de rejet propre à chaque métal. Elles ont été définies par l'arrêté du 30 juin 2006 relatif aux ateliers de traitement de surface, présentées dans le tableau LXXIII [aida, 2007].

|    | Solubilité (mg.L$^{-1}$) | Critères de rejets (mg.L$^{-1}$) |
|----|-----------|-----------|
| Cd | 11,6 | 0,2 |
| Cu | 1,1 | 2,0 |
| Ni | 36,8 | 2,0 |
| Pb | 1,3 | 0,5 |
| Zn | 3,2 | 3,0 |

Tableau LXXIII : comparaison entre la norme des rejets des métaux et la solubilité des carboxylates correspondant

Dans l'optique de diminuer la solubilité des composés formés et donc d'aller plus loin dans la séparation de cations (en terme d'abattement) mais aussi dans l'optique d'envisager le décanoate de sodium comme un réactif de dépollution permettant de précipiter des traces, la possibilité de former des carboxylates mixtes a été envisagée. L'hypothèse envisagée étant que si le composé mixte se forme sa solubilité sera inférieure à celle des deux carboxylates purs.

Après une rapide étude préliminaire sur les outils disponibles pour la caractérisation du composé mixte et les hypothèses formées sur les résultats attendus, nous décrirons les différentes voies de synthèse envisagée pour la formation du mixte avant de discuter des différents résultats obtenus.

Cette étude se fera exclusivement sur le composé mixte supposé $Pb(C_9)_x(C_{10})_{(2-x)}$. Le plomb possède les plus faibles solubilités des différents carboxylates métalliques étudiés dans ce manuscrit et présente l'avantage de donner des diffractogrammes bien définis. La diffraction des rayons X étant a priori la seule technique d'analyse disponible nous permettant de prouver l'existence du carboxylate mixte.

## 1. Etude préliminaire de la formation d'un composé mixte :

Pour qu'un composé mixte puisse exister, il doit être chimiquement plus stable que les deux corps purs qui l'ont engendré. Il doit donc présenter des constantes thermodynamiques différentes et être plus insoluble.

Du point de vue de la solubilité, le composé mixte devrait posséder une solubilité inférieure à celle du composé pur le plus insoluble à partir duquel il a été formé. Dans le cas d'un mélange, la solubilité est imposée par le composé le plus soluble du mélange. Dans notre cas, si un mixte $Pb(C_9)_x(C_{10})_{(2-x)}$ est formé sa solubilité sera inférieure à celle de $Pb(C_{10})_2$. Si nous obtenons un mélange $Pb(C_9)_2/Pb(C_{10})_2$, sa solubilité sera équivalente à celle de $Pb(C_9)_2$.

## 2. Protocole de synthèse d'un composé mixte $Pb(C_9)_x(C_{10})_{(2-x)}$:

Plusieurs modes opératoires ont été envisagés. Les noms donnés au mode de synthèse servent de références aux différents solides.

a) Synthèse d'un composé mixte :

◆ Mélange-Pb :

7,46 mL du mélange de carboxylates que l'on dilue environ 10 fois pour obtenir un volume de réaction suffisant sont introduits dans un bécher. Puis on ajoute 18,6 mL d'une solution $Pb^{2+}$ à 0,1 M. Le mélange agité pendant 2 heures à 400 tours.min$^{-1}$.

Le mélange $C_9/C_{10}$ est obtenu en mélangeant une solution de $NaC_{10}$ à une solution de $NaC_9$ en complétant par de l'eau distillée. La concentration totale de la solution de carboxylates est de 0,5 M.

◆ Pb-mélange :

Le protocole inverse à mélange-Pb est réalisé. La solution de plomb est d'abord introduite dans le bécher et diluée environ 4 fois pour obtenir un volume de réaction suffisant. Puis les 7,46 mL de la solution contenant le mélange de carboxylates sont ajoutés et le système est laissé 2 heures sous agitation (400 tours.min$^{-1}$).

◆ $PbC_9\_NaC_{10}$ :

Une masse exacte de nonanoate de plomb préalablement formé est pesée puis mise en solution dans environ 50 mL d'eau pure. La quantité nécessaire de décanoate de sodium pour transformer la moitié du nonanoate de plomb en décanoate est alors ajoutée. Le mélange est laissé sous agitation sous 400 tours.min$^{-1}$ pendant 2 heures.

♦ PbC₉_PbC₁₀ :

Des pesées exactes de nonanoate de plomb et de décanaote de plomb sont réalisées afin d'obtenir un mélange équimolaire en $Pb(C_9)_2/Pb(C_{10})_2$. De l'eau distillée est ajoutée pour mettre en suspension la totalité du solide présent dans le bécher et ainsi favoriser un échange. Le mélange est laissé sous agitation sous 400 tours.min$^{-1}$ pendant 2 heures.

### b) Traitement des solides obtenus :

Pour toutes les voies de synthèse envisagées, la démarche a toujours été la même, une fois le solide formé. Le composé fraichement précipité est lavé 3 fois dans un grand volume d'eau pure puis séparé en deux fractions. Une partie du solide sert à réaliser les mesures de solubilité. L'autre partie du solide est séchée durant 24 heures dans un dessiccateur puis analysé en diffraction des rayons X.

### 3. Résultats et discussion :

### a) Mesure de la solubilité des composés :

La solubilité des deux composés purs utilisés pour la synthèse des composés mixtes par voie solide et celle des composés mixtes formés ont été déterminées. Les résultats de la concentration en plomb pour les différents composés sont donnés dans le tableau LXXIV. Les concentrations mesurées pour les deux composés purs ($Pb(C_9)_2$ et $Pb(C_{10})_2$) permettent de remonter à la solubilité et au produit de solubilité des composés. Ces derniers sont identiques à ceux trouvés lors de la caractérisation des carboxylates de métaux divalents. Nous sommes donc bien en présence des carboxylates purs.

| | C (mol.L$^{-1}$) | pH | K$_{sp}$ | pK$_{sp}$ |
|---|---|---|---|---|
| Pb(C$_9$)$_2$ | 39,8.10$^{-06}$ ± 3,5.10$^{-06}$ | 5,5 | 1,42.10$^{-13}$ | 12,85 |
| mélange-Pb | 25,5.10$^{-06}$ | 6,0 | | |
| Pb-mélange | 37,3.10$^{-06}$ | 5,9 | non déterminé | |
| PbC$_9$-NaC$_{10}$ | 42,8.10$^{-06}$ | 6,0 | | |
| PbC$_9$-PbC$_{10}$ | 35,6.10$^{-06}$ | 5,8 | | |
| Pb(C$_{10}$)$_2$ | 6,11.10$^{-06}$± 0,27.10$^{-06}$ | 4,2 | 1,87.10$^{-17}$ | 16,73 |

Tableau LXXIV : moyennes de la détermination de la concentration en plomb pour les expériences de solubilité sur les mixtes

Les mesures de solubilité des différents composés mixtes correspondent au nonanoate de plomb à l'erreur expérimentale près quelle que soit la voie de synthèse du composé mixte. C'est donc le nonanoate de plomb qui impose la solubilité du solide. A priori, les différentes voies de synthèse n'ont pas permis de former entièrement un carboxylate mixte, mais plutôt un mélange dans lequel Pb(C$_9$)$_2$ serait présent. L'analyse par diffraction des rayons X a tout de même été réalisée sur les différents solides et est présentée sur la figure 59.

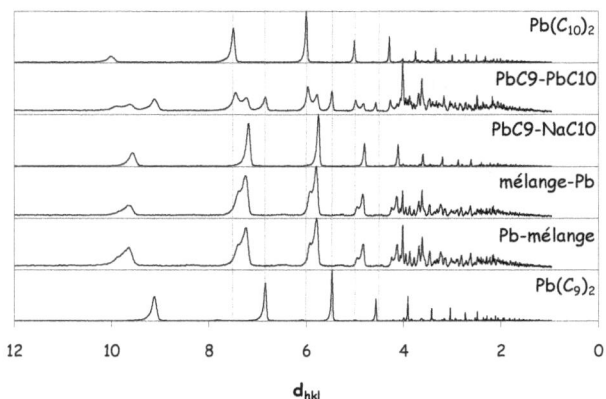

Figure 59 : diffractogrammes des précipités « mixtes » obtenus par les différentes voies de synthèse envisagées

Pour les trois principaux pics (en intensité), les droites en pointillés représentent les pics correspondant à chaque composé pur. L'alternance de couleurs permet de mieux visualiser les « couples » $C_9/C_{10}$. Nous pouvons remarquer que pour chaque pic, si la présence de $Pb(C_{10})_2$ ou $Pb(C_9)_2$ se retrouve dans les différents composés mixtes formés, nous pouvons également discerner un troisième pic qui sort entre les deux pics des composés purs. Ce pic qui ne correspond à aucun des deux carboxylates purs peut correspondre à un mixte du type $Pb(C_9)_x(C_{10})_{(2-x)}$. Les différents composés formés seraient donc en réalité des mélanges contenant le mixte sauf pour le composé PbC9-NaC10. En effet pour ce mode de synthèse, seuls les pics intermédiaires aux deux carboxylates de plomb sont visibles. Les pics caractéristiques de $Pb(C_9)_2$ et $Pb(C_{10})_2$ ne sont pas observés. Le mélange des deux solides en suspension conduit à un mélange ternaire $Pb(C_9)_2 - Pb(C_{10})_2 - Pb(C_9)(C_{10})$. Les deux autres voies de synthèse par précipitation suite à des mélanges de deux solutions auraient plutôt tendance à former un mélange $Pb(C_{10})_2 - Pb(C_9)(C_{10})$. Dans tous les cas les solubilités mesurées des différents composés mixtes sont égales à celle du nonanoate de plomb. Ce composé doit donc être présent dans tous les solides. Or il n'apparaît pas sur les différents diffractogrammes. Nous pouvons donc supposer que s'il est présent dans le mélange, c'est de façon minoritaire.

La formation de mixte ne transparaît pas dans les mesures de solubilité mais nous ne pouvons nier la formation d'un carboxylate inconnu d'après les diffractogrammes qui pourrait bien être un mixte. Pour expliquer une telle différence entre les deux analyses, une explication basée sur la cinétique de réaction peut être envisagée. En effet, les diffractogrammes ont été obtenus 48 h après les mesures de solubilité, sur des composés secs. Il se peut que la formation du mixte se soit faite à ce moment-là. Des mesures de solubilité ont donc été de nouveau réalisées sur les composés vieillis les plus intéressants. Les carboxylates purs, pour déterminer l'influence du séchage du solide sur la solubilité et sur les deux mélanges obtenus sur des solides en phase aqueuse soit PbC9-NaC10 et PbC9-PbC10.

Les résultats des mesures de solubilité sont donnés dans le tableau LXXV. Les mesures de solubilité n'ont été réalisées qu'une fois par composé.

| Composé | $Pb(C_9)_2$ | $PbC_9\text{-}NaC_{10}$ | $PbC_9\text{-}PbC_{10}$ | $Pb(C_{10})_2$ |
|---|---|---|---|---|
| $C_{Pb2+}$ (mol.L$^{-1}$) | $3,29.10^{-05}$ | $2,56.10^{-05}$ | $2,51.10^{-05}$ | $6,81.10^{-06}$ |

**Tableau LXXV : mesures de solubilités réalisées sur les composés mixtes « vieillis »**

Les concentrations en plomb mesurées sont les mêmes que sur précipité fraîchement formé pour les deux carboxylates purs. Par contre pour les deux « mixtes » la solubilité est inférieure à celle déterminée sur les composés fraîchement obtenus. Les concentrations mesurées présentent une valeur intermédiaire entre la solubilité du décanoate et celle du nonanoate. Pour aucun des deux mélanges nous ne sommes exclusivement en présence d'un composé mixte $Pb(C_9)_x(C_{10})_{(2-x)}$ car les solubilités mesurées ne sont pas inférieures à celle du décanoate de plomb.

Afin de déterminer la cinétique de formation totale de $Pb(C_9)_x(C_{10})_{(2-x)}$, une étude par diffraction des rayons X a été menée. Un mélange de poudre $Pb(C_9)_2/Pb(C_{10})_2$ dans un rapport équimolaire a été pesé puis mélangé manuellement durant un temps très court (5min environ). Le composé est ensuite placé sur le porte échantillon du diffractomètre et des acquisitions de diffractogrammes sont réalisées toutes les ½ heures avec des temps d'acquisition de 60s. Les diffractogrammes obtenus aux différents temps sont superposés sur la figure 60.

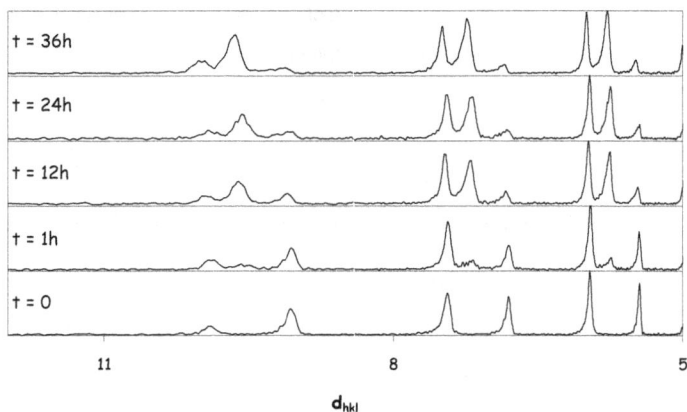

Figure 60 : suivis par diffraction des rayons X de la formation de Pb(C₉)ₓ(C₁₀)₍₂₋ₓ₎ en
fonction du temps

Sur la figure 60, nous pouvons voir que le composé mixte commence à se former après une heure de mise en mélange. Ne voyant plus d'évolution dans les diffractogrammes entre 1 et 4 h d'attente, les temps entre les différentes acquisitions ont été augmentés. Après 36 h, nous ne notons pas d'évolution notoire dans le diffractogramme, si ce n'est que la présence du composé mixte est beaucoup plus visible. Toutefois, nous observons toujours les pics relatifs aux deux carboxylates purs. Un recuit du composé formé à chaud (60 °C) a été réalisé pour augmenter la cinétique de transformation après 24 h d'attente. Nous voyons que sur le diffractogramme à t = 36 h, aucune différence n'est apparue après le recuit.

## 4. Conclusion sur la formation de Pb(C₉)(C₁₀) :

La formation d'un composé de plomb mixte en carboxylate a été tentée par quatre voies de synthèse différentes : deux synthèses par mélange de solution et deux synthèses sur solide mais toujours en phase aqueuse. Sur chaque composé formé, des mesures de solubilité et des diffractogrammes ont été réalisés. Les mesures de solubilité ont montré que la solubilité des différents composés était imposé par le nonanoate de plomb, les composés obtenus ne seraient donc pas des mixtes mais des mélanges de carboxylates. Pourtant l'analyse par diffraction des

176

rayons X a montré pour chaque solide, la présence d'un composé non identifié, notamment pour le composé formé par ajout de NaC$_{10}$ sur Pb(C$_9$)$_2$ mis en solution ou seul les pics correspondants au composé « inconnu » sont présents. Il semblerait donc bien que nous ayons réussi à former un carboxylate mixte mais que le temps de réaction ait été insuffisant pour permettre son apparition en phase aqueuse. De nouvelles mesures de solubilité ont donc été réalisées sur des composés « vieillis ». Les valeurs obtenues ne correspondent plus au nonanoate de plomb mais présentent une mesure intermédiaire entre le décanoate et le nonanoate de plomb.

Enfin une étude cinétique a été menée par diffraction des rayons X sur la formation de Pb(C$_9$)(C$_{10}$). Un mélange de poudre Pb(C$_9$)$_2$/Pb(C$_{10}$)$_2$ dans un rapport équimolaire a été réalisé puis suivi par DRX. Au bout d'une heure, les premiers pics relatifs au mixte apparaissent. Après 36 h d'expérience et un recuit à 60 °C, aucune évolution n'est notée sur les diffractogrammes obtenus. Le solide est toujours composé d'un mélange ternaire Pb(C$_9$)$_2$ – Pb(C$_{10}$)$_2$ – Pb(C$_9$)(C$_{10}$).

La possible existence des mixtes a donc été soulevée dans ces travaux de recherche. Toutefois, il n'a pas été possible d'isoler le composé formé. Les expériences menées peuvent être considérées comme une première approche d'un composé mixte en carboxylate, dont l'isolement d'abord et la caractérisation ensuite sont encore à faire.

## G. Conclusion:

Ce chapitre est dédié à l'application concrète de l'utilisation des carboxylates dans la séparation sélective de cations métalliques. Si le décanoate de sodium apparaît comme étant un bon candidat pour ce type de traitement pour des mélanges de cations divalents, son utilisation est moins évidente pour des solutions concentrée en fer(III) ou contenant le cation Cr$^{3+}$.

Une étude complète sur la séparation d'un mélange cadmium – nickel par le décanoate de sodium a été réalisée. L'optimisation de cette séparation a été réalisée sur un mélange synthétique à l'aide d'un plan d'expériences. Il est apparu que pour obtenir un rendement de sélectivité maximale, quel que soit le rapport de concentrations entre les deux cations, plusieurs facteurs devaient être contrôlés. La précipitation doit se faire à un pH de 5,5 sans excès de décanoate. L'ajout du réactif est réalisé en 2 heures et la solution est ensuite laissée sous agitation 1 heure. De cette manière, il est possible de précipiter la quasi-totalité du cadmium tout en maintenant plus de 93 % du nickel en solution. Devant ces résultats encourageants, la séparation a été testée sur déchet réel. Un déchet provenant de la lixiviation des matériaux des électrodes des batteries Ni – Cd a été traité par le décanoate de sodium dans les mêmes conditions que dans le plan d'expériences. Plus de 98 % du cadmium a été précipité, avec moins de 10 % de nickel coprécipité.

L'utilisation de solutions de décanoate de sodium présente deux inconvénients majeurs. Elle entraîne une dilution des volumes traités diminuant les concentrations finales dans les liquides. De plus, le décanoate est obtenu par neutralisation de l'acide décanoique par de la soude, qui est un réactif coûteux. Un réactif alternatif pour les séparations serait le décanoate de calcium. Solide, il peut être obtenu par mélange direct de chaux en suspension et d'acide décanoique. Testé, sur des mélange Cu – Zn et Cd – Ni en milieu sulfate, il permet de maintenir en solution plus de 97 % du cation à maintenir en solution mais ne permet pas de précipiter plus de 75 % du cation à éliminer. De plus, le solide obtenu n'est pas le décanoate métallique pur mais un mélange $M(C_{10})_2/Ca(C_{10})_2$, l'échange n'étant pas total.

Enfin, une dernière étude a été menée sur la possibilité de former un composé mixte de carboxylates à travers l'exemple du plomb. La synthèse d'un mixte du type $Pb(C_9)_x(C_{10})_{(2-x)}$ a été réalisée par quatre méthodes différentes en solution aqueuse. Il est apparu qu'un composé mixte se formait bien mais seulement en phase solide, sous l'effet du temps ou du faisceau des DRX. Le composé n'a pas pu être clairement identifié car il est toujours en présence des deux carboxylates purs.

# CONCLUSION GENERALE

La précipitation chimique est le procédé d'élimination ou de récupération des cations métalliques en solution le plus fréquemment utilisé loin devant des techniques comme l'échange d'ions ou bien l'extraction liquide/liquide. En ce qui concerne les effluents industriels, l'élimination des métaux est réalisée par précipitation d'hydroxydes métalliques en utilisant du lait de chaux. Pour pallier certains problèmes (caractères amphotères de certains hydroxydes, présence dans les effluents de composés susceptibles d'augmenter leur solubilité), de nombreux industriels ont développé et commercialisé divers réactifs conduisant à des précipités plus insolubles que les hydroxydes permettant le respect des normes de rejet en vigueur. Cependant, quel que soit le réactif utilisé, la précipitation chimique conduit à l'obtention de boues sans valeur commerciale qui sont dirigées vers des Centres de Stockage pour Déchets Ultimes de classe I où elles subissent un inertage au moyen de liants hydrauliques. Inscrite dès 1975 dans la loi n° 75-633 relative à l'élimination des déchets et à la récupération des matériaux, la valorisation des déchets contenant des métaux est devenue depuis quelques années une réalité. L'augmentation du coût du stockage, l'épuisement de certaines ressources minières et la forte augmentation récente du cours des métaux rendent cette valorisation économiquement viable même pour des métaux tels que le zinc.

Depuis quelques années, le travail développé au Laboratoire d'Electrochimie des Matériaux montre qu'il est possible de substituer à la précipitation globale des hydroxydes métalliques, une précipitation sélective des cations métalliques au moyen de solutions de carboxylates de sodium.

En dépit de nombreuses utilisations industrielles (revêtements de surface, additifs pour polymères ou lubrifiants…), les données thermodynamiques concernant les carboxylates métalliques sont limitées notamment en ce qui concerne la solubilité en milieu aqueux. Le premier objectif de ce travail a donc été de déterminer les produits de solubilité de divers carboxylates métalliques correspondant aux métaux les plus fréquemment rencontrés soit dans les effluents liquides industriels, soit dans les lixiviats de divers procédés hydrométallurgiques.

L'analyse chimique et radiocristallographique des précipités synthétisés à partir de cations divalents et de carboxylates linéaires saturés à 7, 8, 9 et 10 carbones a montré qu'il s'agissait bien d'heptanoates, d'octanoates, de nonanoates et de décanoates métalliques. Tous les solides obtenus sont anhydres à l'exception des carboxylates de cobalt qui présentent deux molécules d'eau de structure.

Dans un premier temps, les produits de solubilités de 28 carboxylates métalliques divalents mettant en jeu sept cations métalliques (cadmium, cobalt, cuivre, manganèse, nickel, plomb et zinc) et les quatre carboxylates ont été déterminés. Pour un même cation, l'heptanoate est le plus soluble des composés et le décanoate le plus insoluble, la solubilité variant linéairement avec le nombre de carbones dans la chaîne aliphatique jusqu'à un nombre de carbones de 12. La comparaison des différents produits de solubilité obtenus démontre que le nonanoate et le décanoate de sodium sont potentiellement les réactifs les plus appropriés à la séparation sélective. De plus, l'acide décanoique présente l'avantage d'être solide à température ambiante.

Le comportement thermique des carboxylates métalliques a montré que pour un même cation, le produit de décomposition était le même quel que soit la longueur chaîne. Toutefois le produit final diffère d'un métal à un autre. Il s'agit d'un oxyde MO pour les carboxylates de cadmium, nickel, plomb et zinc, un spinelle $M_3O_4$ pour les carboxylates de cobalt et de manganèse et enfin un mélange $Cu°/CuO/Cu_2O$ pour les carboxylates de cuivre. L'étude des différents thermogrammes montre que les carboxylates de cadmium, cobalt, nickel et plomb passent par un intermédiaire carbonate $MCO_3$. Ceci est intéressant pour la valorisation de certains métaux comme le cadmium qui est plus facilement valorisable sous cette forme.

Un dernier cation divalent a été étudié : $Fe^{2+}$. L'étude a montré que la formation du décanoate ferreux n'est possible que sous atmosphère inerte. Ce dernier s'oxyde spontanément au contact de l'air, ne permettant pas de l'extraire de son milieu réactionnel pour le caractériser.

Les cations métalliques trivalents les plus présents dans les effluents industriels liquides sont le fer et le chrome. Ces deux cations présentent la particularité très marquée de former des équilibres en solution du type $[M(H_2O)_6]^{3+} \Leftrightarrow [M(H_2O)_5(OH)]^{2+} + H^+$ même à des pH faibles. Notons tout de même que ce caractère est moins marqué dans le cas du chrome. Suivant le pH de précipitation des carboxylates de fer et de chrome, il y a possibilité de former des hydroxycarboxylates du type $M(C_{10})_{3-x}(OH)_x$. De ce fait, la formation des solides a été réalisée sous pH contrôlé.

Les composés du fer ont été caractérisés par analyse chimique, DRX, ATG et IR. Trois pH de formation ont été étudiés : 2,0, 3,0 et 4,0. Il est apparu que les composés formés à pH = 2,0 et 3,0 étaient identiques et de la forme $Fe(C_{10})_{2,5}(OH)_{0,5}$ et différents du composé obtenu à pH = 4,0 qui est de la forme $Fe(C_{10})_2(OH)$. La solubilité de $Fe(C_{10})_{2,5}(OH)_{0,5}$ est d'environ $5.10^{-8}$ mol.L$^{-1}$ soit environ 5 µg.L$^{-1}$ de Fe$^{III}$. Le composé formé apparaît être bien plus insoluble que les décanoates de cations divalents.

Les composés du chrome ont été étudiés à des pH égaux à 4,7, 5,2 et 5,9. Les solides obtenus sont gélatineux rendant impossible la caractérisation par spectrométrie infrarouge. Les diffractogrammes sont typiques de composés non cristallisés. Ils montrent uniquement que de l'acide décanoique est présent dans le composé formé à pH = 4,7. Les analyses chimiques et thermogravimétriques ne sont pas reproductibles pour un même pH. Les composés obtenus à des pH de 4,7 et 5,2 présentent des pertes en masses supérieures à celle théorique de $Cr(C_{10})_3$. La perte en masse du composé formé à pH = 5,9 serait peut-être un décanoate de chrome (d'après les analyses chimiques) mais ceci n'est pas confirmé par les thermogrammes.

Les nouvelles données thermodynamiques ont permis d'établir un outil prévisionnel de la faisabilité des séparations sélectives mettant en jeu les cations étudiés dans ces travaux. Les expériences ont montré des résultats en adéquation avec les prévisions théoriques permettant d'envisager le décanoate de sodium comme un réactif de précipitation sélective. La précipitation sélective a été appliquée à un mélange $Ni^{2+}$ – $Cd^{2+}$ représentatif d'un lixiviat de batterie Ni/Cd. Elle a été étudiée sur une solution synthétique en utilisant la méthodologie des plans d'expériences puis étendue au traitement d'un effluent réel. La séparation à température ambiante, durant 3 heures, sous régulation du pH (pH = 5,5) conduit à la récupération de plus de 98 % du cadmium initialement présent, sous forme de $Cd(C_{10})_2$, tout en maintenant plus de 90 % du nickel en solution. Les performances obtenues sont similaires à celles résultats du traitement actuellement mis en place industriellement qui utilise le carbonate de sodium. L'avantage du procédé étudié est que le décanoate de sodium est un réactif recyclable. Le gâteau de cadmium peut subir une lixiviation acide par action de l'acide sulfurique, conduisant d'une part à une solution de sulfate de cadmium qui peut faire l'objet d'une électrolyse, d'autre part à la formation de l'acide décanoique. Ce dernier réintroduit dans une solution de soude conduit à la régénération du décanoate de sodium qui peut être réemployé en début de procédé.

Si le décanoate de sodium possède de nombreux avantages, il possède deux inconvénients majeurs. Tout d'abord, il n'est pas possible d'obtenir des solutions de décanoate de sodium à plus de 1,5 mol.$L^{-1}$ ce qui entraîne une dilution importante des solutions traitées qui s'avère pénalisante pour la suite du traitement. Ensuite, la synthèse de ce réactif nécessite l'utilisation d'hydroxyde de sodium qui est un réactif coûteux. Un réactif alternatif peut être utilisé. Il s'agit du décanoate de calcium obtenu par action directe de la chaux sur l'acide décanoique. Ce réactif est utilisable à l'état solide ce qui permet l'obtention de solutions plus concentrées. Ce composé, qui a une solubilité plus élevée que la majorité des composés étudiés, peut être utilisé pour précipiter les cations qui forment les composés les plus insolubles par déplacement de l'équilibre chimique. Les premiers résultats obtenus sur des mélanges synthétiques Cu/Zn et Ni/Cd sont encourageants et demandent à être approfondis.

Le synoptique d'un possible procédé industriel de précipitation sélective a été proposé. Pour un mélange donné, la précipitation sélective conduit à l'obtention de décanoates métalliques valorisables par voie hydrométallurgique avec recyclage du réactif précipitant sauf dans le cas du fer, du chrome et du plomb où une calcination à des températures inférieures à 500 °C sera nécessaire en raison du caractère très insoluble de ces décanoates. Les métaux contenus dans les filtrats ou les lixiviats pourront être récupérés par différentes voies en fonction de la nature du cation et des filières de valorisation envisagées.

Pour des effluents contenant du fer +III, le décanoate est un excellent réactif de déferrisation à condition que les concentrations en fer restent faibles. En effet, la faible valeur commerciale du fer ne pourrait compenser le coût de la perte du réactif précipitant. En ce qui concerne le chrome, des études complémentaires doivent être menées car dans l'état actuel de nos travaux, les caractéristiques des précipités ne permettent d'envisager directement une transposition industrielle. Quant aux solutions riches en $Fe^{2+}$ tels que les bains acides de décapage des aciers, leur traitement n'est également pas envisageable compte tenu des concentrations très importantes rencontrées.

Enfin la possibilité de former des carboxylates mixtes du type $M(C_{10})_{(2-x)}(C_9)_x$ a été envisagée. L'exemple de carboxylate mixte de plomb a été traité. Cette étude est restée au stade de la caractérisation et a montré la formation, en phase solide, d'un composé présentant un diffractogramme intermédiaire à ceux des deux produits purs. Afin de vérifier cette première observation, il serait judicieux de réaliser les mêmes expériences sur des cations qui forment des carboxylates plus solubles afin de déterminer si la formation d'un composé mixte diminue la solubilité ce qui permettrait d'augmenter la quantitativité des réactions de séparation.

Au stade actuel de la recherche, il serait intéressant de valider les opérations de précipitation sélective sur un pilote et d'envisager son application à différents mélanges correspondant à de véritables problématiques industriels.

# BIBLIOGRAPHIE

ADEME, *Synthèse Piles et Accumulateurs – Données 2005*, Collection Repères, 2ème édition

Aida, http://aida.ineris.fr/textes/arretes/text30010.htm, consulté le 22 août 2007

Bartolozzi M., Braccini G., Bonvini S. and Marconi P. F., *Hydrometallurgical recovery process for nickel-cadmium spent batteries*, Journal of Power Sources, Volume 55, 1995, pp 247-250

Baranwal B.P. et Gupta T., *Synthesis and spectral characterization of some oxo – centered, trinuclear mixed – valence iron thiocarboxylates*, Spectrochimica Acta Part A, Volume 59, 2003, pp 859 – 865

Blair J., Howie A. R. et Wardell J. L., *Structure of monoclinic zinc n-butanoate*, Acta Crystallographica, Volume C49, 1993, pp 219 – 221 dans la thèse de Peultier J. (2000)

Borredron, http://www.cnrs.fr/chimie/recherche/programmes/docs/Borredon.pdf, consulté le 22 août 2007

Bossert R. G., *The metallic soaps*, Journal of the chemical education, 1950

Box G. E. P., Hunter W. G., Hunter J. S., *Statistics for experimenters: an introduction to design, Data analysis and model building*, Wiley and sons, 1978

Capilla A.V. et Aranda R.A., *Anhydrous zinc (II) acetate ($CH_3COO)_2Zn$*, Crystal Structure Communication, Volume 8, 1979, pp 795 dans la thèse de Peultier J (2000)

Carvalho N. M. F., Horn Jr A., Faria R. B., Bortoluzzi A. J., Drago V. et Antunes O. A. C., *Synthesis, characterization, X – ray molecular structure and catalase – like activity of a non – heme iron complex: Dichloro[N-propanoate-N,N-bis-(2-*

*pyridylmethyl)amine]iron(III)*, Inorganica Chimica Acta, Volume 359, 2006, pp 4250 – 4258


Yang C.-C., *Recovery of heavy metals from spent Ni–Cd batteries by a potentiostatic electrodeposition technique*, Journal of Power Sources, Volume 115, 2003, pp 352-359


Clegg W., Little I. R. et Straughan B. P., *Monoclinic anhydrous zinc (II) acetate*, Acta Crystallographica, Volume C42, 1986, pp 1701 – 1703 dans la thèse de Peultier J. (2000)


Clegg W., Little I. R. et Straughan B. P., *Orthorhombic anhydrous zinc (II) propionate*, Acta Crystallographica, Volume C43, 1987, pp 456 – 457 dans la thèse de Peultier J. (2000)


De Jesus J. C., Gonzalez I., Quevedo A., Puerta T., *Thermal decomposition of nickel acetate tetrahydrate: an integrated study by TGA, QMS and XPS techniques*, Journal of Molecular Catalysis A : Chemical, Volume 228, 2005, pp 283 – 291


Di Marco V. B., Yokel R. A., Li H., Tapparo A. et Bombi G. G., *Complexation of 3,4-hydroxypyridinecarboxylic acids with Iron(III)*, Inorganica Chimica Acta, Volume 357, 2004,
pp 3753 – 3758


Directive 2006/66/EC of the European Parliament and of the Council of 6 September 2006 on batteries and accumulators and waste batteries and accumulators and repealing Directive 91/157/EEC Text with EEA relevance. Official Journal L 266 , 26/09/2006 P. 0001 – 0014


Dobrzynska D., Jerzykiewicz L. B. et Duczmal M., *Synthesis and properties of iron (II) quinoline-2-carboxylates, crystal structure of trans-diaquabis(quinoline-2-carboxylato)iron (II) bis(dichloromethane) solvate*, Polyhedron, Volume 24, 2005, pp 407 – 412

Edf, http://www.edf.com/72593d/Accueil-fr/Transport/Bloc-contextuels/PDF-lettre-reseau-45
consulté le 28 août 2007


Edwards A. B., Garner C. D., *In Situ QXAFS Study of the Pyrolytic Decomposition of Nickel Formate Dihydrate*, Journal of Physical Chemistry B, Volume 101, 1997, pp 20 – 26


Ellis H. A., *Kinetics and reaction mechanism for the thermal decomposition of some even chain lead(II) carboxylates*, Thermochimica acta, Volume 47, 1981, pp 261 – 270


Ellis H. A., White S.A., Hassan I. et Ahmad R., *A room temperature structure for anhydrous lead (II) décanoate*, Journal of Molecular Structure, Volume 642, 2002, pp 71 - 76


Ellis H. A., White S.A., Taylor R. A. et Maragh P. T., *Infrared, X-ray and microscopic studies on the room temperature structure of anhydrous lead (II) n-alkanoates*, Journal of Molecular Structure, Volume 738, 2005, pp 205 – 210


Eshel M. et Bino A., *Polynuclear chromium(III) carboxylates Part 2. Chromium(III) acetate – what's in it ?*, Inorganica Chimica Acta, Volume 320, 2001, pp 127 – 132


François M., Saleh M.I., Rabu P., Souhassou M., Malaman B. et Steinmetz J., *Structural transition at 225K of the trinuclear Fe(III) heptanoate $[Fe_3O(OCC_6H_{13})_6(H_2O)_3]NO_3$*, Solid State Science, Volume 7, 2005, pp 1236 – 1246


Freitas M. B. J. G. et Rosalém S. F., *Electrochemical recovery of cadmium from spent Ni–Cd batteries*, Journal of Power Sources, Volume 139, 2005, pp 366 – 370


Freitas M. B. J. G., Penha T. R. and Sirtoli S., *Chemical and electrochemical recycling of the negative electrodes from spent Ni–Cd batteries*, Journal of Power Sources, Volume 163, 2007, pp 1114-1119

Goldschmied E., Rae A. D. et Stephenson N.C., *The crystal structure of Zn (II) propionate ($C_6H_{10}O_4Zn$)$_n$*, Acta Crystallographica, Volume B33, 1977, pp 2117 – 2120 dans la thèse de Peultier J. (2000)

Gossart P., *Contribution à l'étude des interactions de la matière organique des sols avec les métaux lourds: étude structurale et analytique de molécules modèles*, Thèse de l'Université de Lilles, 2001

Goupy J. L., *Methods for experimental design: principles and applications for physicists and chemists*, Elsevier, 1993

Grant D. J. W. et Higuchi T., *Solubility behaviour of organics compounds, technique of chemistry*, volume XXI, Edition Wiley Interscience, 1990

Hattiangdi G. S., Vold M. J., Vold R. D., *Differential Thermal Analysis of Metal Soaps*, Industrial and Engineering chemistry, Volume 41, 1949, pp 2320 – 2324

Kwak O. C., Min K. S. et Kim B. G., *One dimensional helical coordination polymers of cobalt(II) and iron(II) ions with 2,2'-bipyridyl-3,3'-dicarboxylate ($BPDC^{2-}$)*, Inorganica Chimica Acta, Volume 360, 2007, pp 1678 - 1683

Likura H. et Nagata T., *Structural variation in manganese complexes : synthesis and characterization of manganese complexes from carboxylate – containing chelating ligands*, Inorganic Chemistry, Volume 37, 1998, pp 4702 – 4711

LME, http://www.lme.com/dataprices_daily_metal.asp, consulté le 25 août 2007

Loi industrie, consulté le 28 août 2007

http://www.lsi.industrie.gouv.fr/energie/matieres/textes/ecomine_note_sept03.htm


Loi juillet, loi n°92-646 du 13 juillet 1992, Journal officiel de la République Française du 14 juillet 1992


Lourié Y., *Aide – mémoire de chimie analytique*, Editions de Moscou, 1975


Martell, A.E.; Motekaitis, R.J. *Determination and use of stability constants (2nd edition)*, VCH Publishers: New York, 1992


Mineralinfo,    http://www.mineralinfo.org/Panorama/Pano2000/nickelcobalt.htm, consulté le 28 août 2007


Mohamed M. A., *Kinetic and thermodynamic study of the non – isothermal decompositions of cobalt malonate dihydrate and of cobalt hydrogen malonate dihydrate*, Thermochimica Acta, Volume 346, 2000, pp 91 – 103


Nakamoto T., Katada M. et Sano H., *Mixed – valence states of iron long – chain carboxylate complexes*, Inorganca Chimica Acta, Volume 291, 1999, pp 127 – 135


Nogueira C. A. and Delmas F., *New flowsheet for the recovery of cadmium, cobalt and nickel from spent Ni–Cd batteries by solvent extraction*, Hydrometallurgy, Volume 52, 1999, pp 267-287


Nogueira C. A. and Margarido F., *Leaching behaviour of electrode materials of spent nickel–cadmium batteries in sulphuric acid media*, Hydrometallurgy, Volume 72, 2004, pp 111-118


Palacios E.G. et Monhemius A.J., *Infrared spectroscopy of metal carboxylates I. Determination of free acid in solution*, Hydrometallurgy, Volume 62, 2001, pp 135 – 143

Palacios E.G., Juarez – Lopez G. et Monhemius A.J., *Infrared spectroscopy of metal carboxylates II. Analysis of Fe(III), Ni and Zn carboxylate solution*, Hydrometallurgy, Volume 72, 2004, pp 139 – 148

Paredes – Garcia V., *Electronic and magnetic properties of iron(III) dinuclear complexes with carboxylate bridges*, Polyhedron, Volume 23, 2004, pp 1869 – 1876

Péneliau F., Meux E et Lecuire J. M., *Les carboxylates de sodium : réactifs de précipitation sélective des métaux lourds présents dans les effluents industriels liquides*, Hydroplus, Volume 128, 2002, pp 90 - 93

Péneliau F., *Les carboxylates de sodium: réactifs de précipitation sélective des cations métalliques contenus dans les effluents liquides*, Thèse de l'Université de Metz, 2003

Petricek S., Petric M., *A comparison of thermal characteristics of Cu(II) carboxylates and their complexes with pyridine*, Thermochimica Acta, Volume 302, 1997, pp 35 – 39

Peultier J., *Traitement de conversion du zinc à base d'acides carboxyliques*, Thèse de l'Université Henri Poincaré, Nancy I, 2000

Peultier J., Rocca E. et Steinmetz J., *Zinc carboxylating : a new conversion treatment of zinc*, Corrosion Science, Volume 45, 2003, pp 1703 – 1716

Popescu M., Turta C., Meriacre V., Zubareva V., Gutberlet T. et Bradaczek H., *Preparation and structure of ordered films of iron carboxylates complexes*, Thin Solid Films, Volume 274, 1996, pp 143 – 146

Psycharis V., *Synthesis, structural and phisycal studies of Cr(III) et Fe(III) benzilates and benzoates: evidence of antisymetric exchange and distributions of isotropic and antisymetric exchange parameters*, European Journal of Inorganic Chemistry, 2006, pp 3710 – 3723

Rai A.K. et Parashar G.K., Thermogravimetric analysis of some higher carboxylate derivatives of chromium(III), *Thermochimica Acta*, Volume 29, 1979, pp 175 – 179

Ramachandra R. B., Priya D. N., Rao S. V. and Radhika P., *Solvent extraction and separation of Cd(II), Ni(II) and Co(II) from chloride leach liquors of spent Ni–Cd batteries using commercial organo-phosphorus extractants*, Hydrometallurgy, Volume 77, 2005, pp 253-261

Ramachandra R. B., Priya D. N. and Park K. H., *Separation and recovery of cadmium(II), cobalt(II) and nickel(II) from sulphate leach liquors of spent Ni–Cd batteries using phosphorus based extractants*, Separation and Purification Technology, Volume 50, 2006a, pp 161-166

Ramachandra R. B. and Priya D. N., *Chloride leaching and solvent extraction of cadmium, cobalt and nickel from spent nickel–cadmium, batteries using Cyanex 923 and 272*, Journal of Power Sources, Volume 161, 2006b, pp 1428 – 1434

Rapin C., *Etude de l'inhibition de la corrosion aqueuse du cuivre*, Thèse de l'Université Henri Poincaré, Nancy I, 1994

Raptopoulou C. P., Sanakis Y., Boudalis A. K. et Psycharis V., *Salicylaldoxime (H2salox) in iron(III) carboxylate chemistry : Synthesis, X – ray crystal structure, spectroscopic characterization and magnetic behavior of trinuclear oxo – centered complexes*, Polyhedron, Volume 24, 2005, pp 711 – 721

Ringbom A., *Complexation in analytical chemistry*, Edition Wiley : New York, 1963

Rocca E. et Steinmetz J., *Inhibition of lead corrosion with saturated linear aliphatic chain monocarboxylates of sodium*, Corrosion Science, Volume 43, 2001, pp 891 - 902

Rocca E., Rapin C. et Mirambet F., *Inhibition treatment of the corrosion of lead artefacts in atmospheric conditions and by acetic acid vapour : use of sodium decanoate*, Corrosion Science, Volume 46, 2004, pp 653 – 665

Ruiz M., Perello L., Server-Carrio J., Ortiz R., Garcia-Granda S., Diaz M. R. et Canton E., *Cinoxacin complexes with divalent metal ions. Spectroscopic characterization. Crystal structure of a new dinuclear Cd (II) complex having two chelate – bridging carboxylate groups. Antibacterial studies*, Journal of Inorganic Biochemistry, Volume 69, 1998, pp 231 – 239

Safarzadeh M. S., Bafghi M. S., Moradkhani D. and Ilkhchi M. O., *A review on hydrometallurgical extraction and recovery of cadmium from various resources*, Minerals Engineering, Volume 20, 2007, pp 211 – 220

Schercher W. D. et McAvoy D. C., *MINEQL+*, Chemical Equilibrium Modeling System version 4.5, 2001

Sedon A. B., Wood J.A., *Thermal studies of heavy metal carboxylates : II. Thermal behaviour of dodecanoates*, Thermochimica acta, Volume 106, 1986, pp 341 – 354

Segedin P., Lah N., Zefran M., Leban I. et Gollic L., *Synthesis and characterization of bis(carboxylato)zinc(II)* ($C_6$ – $C_8$) *– crystal structure of bis(hexanoato)zinc(II), $Zn(O_2CC_5H_{11})_2$ – Form A*, Acta Chimica Slovenica, Volume 46, 1999, pp 173 – 184

Serre C., Millange F., Surblé S. et Férey G., *A route to the synthesis of trivalent transition metal – porous carboxylates with trimeric secondary building units*, Angewandte Chemie International Edition, Volume 43, 2004, pp 6285 – 6289

Singh U. P., Aggarwal V. et Sharma A. K., *Mononuclear cobalt(II) carboxylate complexes: Synthesis, molecular structure and selective oxygenation study*, Inorganica Chimica Acta, Volume 360, 2007, pp 3226 – 3232

Sola Akanni M. , Okoh E. K., Burrows H. D. , Ellis H. A., *The thermal behaviour of divalent and higher valent metal soaps: a review*, Thermochimica acta, Volume 208, 1992, pp 1 – 41

Taylor R. A., Ellis H. A., Maragh P. T. et White N. A. S., *The room temperature structures of anhydrous zinc (II) hexanoate and pentadecanoate*, Journal of Molecular Structure, Volume 787, 2006, pp 113 – 120

Techniques de l'ingénieur, consulté le 28 août 2007,
http://www.techniques-
ingenieur.fr/affichage/DispMain.asp?ngcmId=m2240&file=m2240

Vold R.D. et Hattiangdi G.S., *Characterization of heavy metal soaps by X – ray diffraction*, Industrial and Engineering Chemistry, Volume 41.10, 1949, pp 2311 – 2319

Wood J.A. et Seddon A.B., *Identification of the chromium salt of stearic acid*, Thermochimica Acta, Volume 45, 1981, pp 365 – 368

Yepes O., *On the chemical reaction between carboxylic acids and iron, including the special case of naphtenic acid*, Fuel, Volume 86, 2007, pp 1162 – 1168

Zimmermann F., *Synthèse d'acide azélaique à partir d'huile végétale pour la precipitation selective de cations métalliques*, Thèse de l'Université Paul Verlaine – Metz, 2005

# INDEX DES FIGURES

# INDEX DES TABLEAUX

**More**Books!
publishing

mb!

Oui, je veux morebooks!

# i want morebooks!

Buy your books fast and straightforward online - at one of world's fastest growing online book stores! Environmentally sound due to Print-on-Demand technologies.

Buy your books online at

## www.get-morebooks.com

Achetez vos livres en ligne, vite et bien, sur l'une des librairies en ligne les plus performantes au monde!
En protégeant nos ressources et notre environnement grâce à l'impression à la demande.

La librairie en ligne pour acheter plus vite

## www.morebooks.fr

VSG
VDM Verlagsservicegesellschaft mbH

VDM Verlagsservicegesellschaft mbH
Heinrich-Böcking-Str. 6-8     Telefon: +49 681 3720 174     info@vdm-vsg.de
D - 66121 Saarbrücken          Telefax: +49 681 3720 1749    www.vdm-vsg.de

www.ingramcontent.com/pod-product-compliance
Lightning Source LLC
Chambersburg PA
CBHW021043210326
41598CB00016B/1091

* 9 7 8 3 8 3 8 1 7 4 0 7 5 *